一看到難題就焦慮？

解題背後的心理學

行不通就換方法，建構有效的數學思維

PSYCHOLOGY

OF PROBLEM

SOLVING

THE BACKGROUND TO
SUCCESSFUL MATHEMATICS THINKING

艾佛瑞德 S. 波薩曼提爾 Alfred S. Posamentier　蓋瑞・柯斯 Gary Kose

丹妮耶爾・索羅・維葛達默 Danielle Sauro Virgadamo　凱瑟琳・基芙─柯柏曼 Kathleen Keefe-Cooperman ─────著

謝雯伃 ─────譯

推薦文

每一次解題
都是單獨一次的探險

游森棚（國立台灣師範大學數學系教授）

　　數學的能力包含許多面向，但實際上的測試卻常常以解題能力來當作唯一的指標。底下舉兩個學生階段的光譜兩端案例。

　　光譜一端是國中會考或是大學考試中心的學科能力測驗。這些問題帶有鑑別考生解題能力的任務，在解題光譜上是屬於需要思考、但並非遙不可及的問題。也就是說，解答的線頭不會埋得太深，常常有固定的程序，並且解答經由訓練（平常的努力）可以熟練或聯想而得。

　　光譜另一端是數學競賽或數學研究。比如每個國家選六位學生參加的國際數學奧林匹亞競賽，這個競賽只有六題，每一題平均可以作答一個半小時。每一年最難的一道問題，通常全世界的菁英選手只有個位數的強者能答對。我擔任教練多年，常常著迷於這些選手可以苦思數個小時毫無進展，而突然靈機一動的那個瞬間。更極端的數學研究 如果也視為一個規模宏大

的解題過程，則常常需要歷時數個月乃至數年的辛勤工作。在這個漫漫過程中，大腦迴路如何連結，解題歷程如何進行，以心理學角度來看真是極大的神秘。

解題過程中實際上牽涉到複雜的一系列心智交互作用：這包含了理解問題、分析已知與未知、觀察與試驗、擬定與施行策略，以及嘗試與反覆修正，才能慢慢接近目標，最後再進行解題回顧。步驟整理起來看似簡單，實際上每一次的解題都像是單獨的一次探險，簡單的問題是輕鬆的旅程，複雜困難的問題像是攀越高山。而探險的過程又非常個人化：不同的人面對同一個問題，採取的解題模式可能完全不同。而且，每一階段還牽涉到當下的心理狀態，畏懼、信心、焦慮、動機、經驗等等，這些難以量化的因素又和解題能力糾纏不清。

所以，解題的心路歷程到底是怎麼一回事？解題的能力能學嗎？能夠改進嗎？有什麼誤區該避免嗎？怎麼克服焦慮，怎麼集中注意力，有沒有什麼思考策略或解題架構可以依循？

讀者手上的這本書，是一位數學教育工作者與三位心理學家的合著。這本書以心理學角度與高度討論了「數學解題」這件事，試圖討論與解答上述的問題。書中第一章先介紹了解題的歷史。第二章討論我們如何採取策略。第三章討論解題時做決定的影響因素。第四章討論心理層面，諸如焦慮與動機對解題的影響。第五章討論注意力集中的問題。第六章討論直覺與深思在解題中的重要性。

數學這個科目可能是大多數臺灣學生求學生涯中最大的門

檻。造成這個結果的原因是多層面的：數學本身一步推一步不容妥協的嚴密性、一層一層疊加上去的概念、精確性，以及獨特的符號與語言。然而，數學訓練的推理能力以及解數學問題所需的解題能力，又是現代社會中面臨諸多決策所不可或缺的基本能力。欣見這本書的出版，讓讀者得以一窺「數學解題」這個神秘能力的心理層面。我相信讀者必定像我一樣，在這本書中得到許多啟發與印證。如同書序所言，這本書讓讀者看見對解題能力造成負面影響的許多認知程序，也提供了可行的嶄新思考方式來克服這些問題。透過練習，讀者有機會成為更好也更有效率的問題解題者。

推薦文

問題來時，你可知道
自己的思考途徑是什麼？

蔡宇哲（高雄醫學大學心理學系助理教授）

　　解題這件事並不只是在考試或是工作上，生活中可是到處充斥著這類事件，從聚會邀約在哪個餐廳吃飯，到生病了該去找哪個醫師或診所，這都是一個生活中的問題解決。

　　之前有次眼睛不舒服，於是上網搜尋家裡附近的眼科診所。透過 Google 很快可以找到有哪些以及關於這些診所的評價。原本選定了一間離家近、評價也高的診所，但當我點進一看，發現有則留言描述他所遭遇的不佳經驗。雖然其他留言多半是正面的，整體評價分數也高，似乎沒什麼好挑惕的，但我依然為了這則負面留言而猶豫不決，甚至起了改換別間的念頭。

　　面對問題的思考方法說來簡單，但其實有很複雜的心理歷程，特別是人們無意識的那些認知偏誤，都會影響到最終的解決方案。其中之一就是上段所描述的，人們很容易受到少數個案經驗而影響，而不論科學數據是好是壞。畢竟他人的經驗好

壞是不需要思考就可以理解，而統計數據卻是需要後天學習才能瞭解當中的涵義。這違反理性的決策方式，正是每個人都會遇到的情況。

在 2021 年春節期間，網路出現一個科學傳播的爭議事件。一位擁有大聲量的 Youtuber 根據自己的體驗及少數專家的建議，向大眾說明了某個飲食療法的好處。然而這卻引來一位醫師引經據典地反駁，說明這療法根本是無稽之談，不該向大眾推薦。雙方網路交鋒，支持者也各持己見互不相讓，事件最終在其中一方認錯後落幕。這類事件不是第一次發生，更不會是最後一次，相反地日後會越來越常發生。

在資訊越來越發達、知識越來越多的社會，人們看似應該越來越理性才對。但由於我們並無法接收與理解如此龐大的資訊，因此很難知道自己所獲得的資訊是對是錯。很多人面對問題的第一步，通常是像我一樣上網 Google，或者是尋找專家的意見。這些方法並沒有錯，而有些人做了之所以會發生錯的結果，多半是忽略了自己的立場會造成確認偏誤，以至於都只看符合自己觀點的資料，而忽略了反對面的資訊。我常提醒自己，確保盡量不犯錯的方式，是一直提醒自己可能會犯錯，要常懷疑所獲得的資訊，特別是那些跟我立場相同的資訊。

這本「書名」雖然有提到數學這讓多數人害怕的知識，但內容主要並不是談數學，應該說數學就是一種問題解決的最基本型態。在閱讀的同時，而是問題解決的心理歷程，我也在思索自己面對問題的思考與解決途徑，因此讀起來很慢，但卻也

因此沉浸在解題的思考歷程裡，獲得有別於閱讀一般科普書籍的樂趣。

在這個資訊爆炸的年代，每個人都該多瞭解自己解題時的思考策略，才能知道在什麼情況下要去避免大腦內建的捷徑思考方式，才能真正獲得最佳的處理方案。

推薦文
解題原來這麼有事！

蘇俊鴻（北一女中數學教師）

身為高中數學老師多年，每當考完試後總有學生前來「申訴」，大都離不開下列三種情況：

情況一：考前我都把題目做得滾瓜爛熟了，考試時還是有很多題目不會。

情況二：考卷一發下來，我就開始焦慮，很多題目就不知道怎麼做。等到結束鈴響，再看題目時，我都會做了。

情況三：題目我都會做，可是常常看錯數據或是計算錯誤。

上述這些問題，本書作者從心理學的理論為我們提供解釋，並且提出改善方案。比方說情況一，透過範例教學演練相同系列的問題，是為了讓學生掌握概念、習得技巧，從而進入長期記憶，成為特定解題程序（演算法），是發展解題策略的有效

方法。然而，反覆大量的機械練習，忽略概念理解，卻可能阻礙學生看到解決新問題的明顯線索，提出新的解題策略，這在心理學上稱為**定勢效應**。因此，如何避免心理定勢的產生，就是教與學時要考慮的課題。

又或者情況二，考試時**焦慮**是影響成績表現的最大心理因素。通常總是鼓勵學生考試不要害怕、要有信心。那麼，該如何培養信心呢？這就是我的困擾所在。作者告訴我們信心不僅是「這個我做得到」的態度，其中還包括「理解題目和變因，以客觀開放的心態處理問題，以及感覺準備充足並感覺自己能處理問題。或許，信心最大的指標是一個人面對失敗的能力。」要如何培養面對問題的信心，第四章有可操作的練習題指引，有興趣的讀者不妨一試。

至於情況三，如何培養專注力，就請各位參閱第五章的內容吧！

事實上，解題活動不只發生在數學場域。我們每天日常都要解決許多問題，且解題能力的優劣表現影響了我們的生活。作者認為，心理因素是影響解題能力的關鍵之一，並且「解決數學問題的技巧與解決日常問題的技巧，兩者以同樣方式發展。」然而，「許多人認為數學天分是一種『天生能力』，因此假想自己永遠無法改進這個技能及解決問題能力。」書中透過心理學的理論說明，配合生活實例與數學範例的演示，告訴我們只要理解原因、透過練習，總是有可能改進數學或解決問題的能力，這正是《解題背後的心理學》一書值得推薦的原因。

寫在前面

　　我們生活在一個持續演化的數位世界中，人們能以各種不同的方式來解決問題，並使用現可觸及的許多數位工具。無論是簡單如在餐廳裡決定要付給服務生多少小費，或是決定要去哪裡度假這類更複雜的問題，我們都可以輕鬆地使用數位工具（像是計算機或是旅遊網站）來找到答案。數位及電子工具提供我們解決問題的便利方法，但是這些問題也反應了我們有多常迴避解決問題。而這種迴避在數學領域很常見。對於許多在學校中就得面對數學難題的人來說，迴避解決問題這件事從很早就開始了，接著又延伸為一種終身的迴避習慣和模式。這種迴避模式，讓解決問題的任務看起來比實際上更令人畏懼。

　　本書作者群集合在一起講述了解決問題背後的心理學。艾佛瑞德‧波薩曼提爾博士是一名數學教育工作者，他對數學的熱愛，表現在他渴望幫助他人發展出對於數學的真誠愛好並強化解決問題的能力上。蓋瑞‧柯斯博士、丹妮耶爾‧索羅‧維葛達默博士和凱瑟琳‧基芙‧柯柏曼博士是心理學家，他們非常瞭解在面對該解決的問題時，人們在認知上和行為發展上的

許多難處和焦慮。無效的思考模式從年輕時期就開始,隨著時間而固化。柯斯博士及維葛達默博士提供了問題解決的發展史,以及造成我們認知困難的心理因素。這些思考模式,讓我們看到當面臨數學問題或是任何導致我們認知或情緒「當機」或「被擊潰」的問題情境時,會導引我們走上怎樣的路程。本書也提供了必要的認知策略及操作練習,協助讀者改進自己的解題技能。書中同時也提供了答案,讓你分析你答對了哪些問題,而又在哪裡會出現困難。練習題由簡單到困難都有,但只有願意從錯誤中學習的心,才能讓你成為一個更好的解決問題者。

本書目的是要幫助讀者瞭解解決問題的歷史。很難想像好幾個世紀以前的某個人在面對數學問題時所受的煎熬,與今日一個面對代數考試的兒童大同小異。事實上,記錄解決問題困難的文獻歷史源遠流長。這些早期文獻大多著重在找到正確解法,要到了現代才出現轉變,朝向理解解決問題時的心理程序來發展。簡單的解決問題歷史能提供基礎資料,讓我們從中發展出新方法,學會在解決問題時該如何思考。

本書的大部分內容,著重在改進你解決難題的策略,並提供了清晰的步驟。作者在第一章描述了解決問題的歷史觀點,第二章探討解決問題的策略,並釐清讓你無法找到解法的種種因素。許多人通常不會停下來思考策略性的戰術,就直接跳到解決問題的步驟。因此,這些章節提供讀者可運用的解題技巧,並透過練習題讓你更多熟悉這些技巧。第三章進一步探討演算法及捷思法的概念,目的是讓你理解如何使用這些實用方法。

在著手解決問題時，有項讓人無法成功的障礙是思考上的偏差。理解我們在日常生活中有哪些認知謬誤形式，是改善技巧的關鍵。

第四章處理不小心融入我們生活的認知錯誤以及情緒障礙，這些也會阻礙我們成功。焦慮這個詞彙常常出現，但一般人並未真確理解它如何嚴重影響我們離開舒適圈、處理新狀況的意願。不感興趣的感受也一樣，它通常發生在我們不理解一項專門技能的重要性或實用性之時。這一章將提供讀者克服這些感受所需的工具，好讓讀者更願意去面對可能的失敗。我們期望能幫助你接受為了成功、願意接受失敗的概念。

接著，我們轉換到對專注力以及工作記憶等領域的理解上，幫助讀者改善自己的能力，更準確地有效解決問題。這些策略將於第五章出現，並且伴隨更多的操作練習。能夠學習到阻礙我們成功的因素，並進一步透過練習處理這些問題，是成為更佳終身解決問題者的關鍵要素。本書最後一章著重在直覺式思考以及深思熟慮式思考的概念上。理解這兩種思考方式，將能讓你減少錯誤判斷，並且改善自己處理日常生活中種種問題的能力。對於數學的恐懼以及無法有效解決問題，並非單一理由和方式可以解釋。人類很複雜，我們在日常生活中如何思考，其實是被一連串隨時間發展的想法及感受組合所形塑。這本書讓讀者看見對我們解決問題的能力造成負面影響的許多認知程序，並提供可行的嶄新思考方式來克服這些無效模式。你也會有許多機會透過每一章中的練習來運用這些技巧。我們真

心期望這本書能提供你新的理解及工具，讓你成為更好的解決
問題者。

目　次

第一章　解題簡史

第二章　探索問題空間：解決問題的策略

第三章　判斷、推理和決定

第四章　不感興趣與焦慮 vs. 動機與信心

導言

　　解題是日常生活的一部分。我們一整天要解決無數問題，從在餐廳聚餐時分攤帳單、開車時要找出最佳路徑避開塞車、幫所有參加派對的人訂購足夠的食物、安排家具動線，以及裝飾居家環境等等都是。對許多人來說，他們應付得來這些問題，不需要花上太多精力或過度焦慮就可以解決。然而，生活中難免存在著需要多重步驟才能解決的問題，像是規畫行程並按行程推動計畫、在職場或學校遵守截止期限，以及管理財務等等都是。雖然有些人擅長於克服這類複雜問題，這些情況通常還是很有挑戰性。

　　擅長解題之所以重要，在於它能讓我們更輕鬆地處理日常的重要問題。無論是求學還是工作，優秀的解決問題能力都深受重視。打從年輕開始，我們就反覆被教導數學以及解題的重要性。然而，儘管我們當中有許多人認為這兩個領域確實很重要，卻不瞭解兩者本質上的相似性多於相異性。數學是解題的關鍵要素。「擅長數學」的孩童通常會被分到另一班，大家對於他們的數學技能總是讚賞不已。其他科目則鮮少有這種分開

上課的情況，只有閱讀領域偶爾有這樣的分級，社會或科學領域則幾乎沒有。在工作場所以及終其一生，這個訊息都會持續下去。能夠解出重要、有時甚至威脅到生命問題的人，會被認為反應很快，是個優秀的「問題解決者」。

強調解題是通往人生成功的路徑，可能會讓許多人問道：「我要怎樣才能成為一個更優秀的解題者呢？」有些人天生就擅長於數學及解題，對自己這方面的能力很有信心。也有些人終其一生都為數學所苦。大多數人則界於兩者中間。那麼，這些差異究竟來自何處？是我們的基因讓我們傾向於擅長或不擅長數學，因而影響了我們的解題能力嗎？還是擅長解題是習來的行為？事實是，我們並不真的瞭解為何有些人擅長數學及解題，有些人卻一竅不通。雖然人們的智力是一大原因，但有許多心理因素也影響了人們的解題能力。有幾個解題的關鍵因素被稱為執行功能，它們是一組幫助人們控制行為並有效解決問題的複合過程，包括：注意力控制、工作記憶、彈性思考、認知抑制（一種自我控制的形式）以及計畫能力。強大的執行功能帶來更佳的解題經驗，而解題又是生活中不可或缺的一部分，這代表如果我們想要成為更好的解題者，就應該專注於強化這些關鍵的執行功能。

你可能已經猜到了，本書會針對上列執行功能進行討論。不過，除了執行功能以外，其他心理因素也影響了我們解題能力。本書會先簡單介紹解題的歷史，接著針對阻礙解題最為普遍的幾個心理因素進行討論，包括：曲解問題或將問題複雜化、

無彈性、數學焦慮、注意力缺失、健忘以及衝動性。我們會檢視這些元素及與之相對的特質；面對問題時的洞悉能力及組織力、認知彈性、信心、專注力、工作記憶及仔細計畫。本書會就這些認知強項及弱點如何交互作用，影響我們的決策制定以及解題進行討論。本書也會提供範例，展現常見的數學及日常問題，以及與每一個問題交織在一起的心理因素，藉此幫助讀者瞭解這些必要原則。

本書對象是堅信自己「數學不好」的讀者，還有想要透過使用心理技巧來改善自身解題能力的人。透過解釋關鍵心理因素如何劇烈影響我們的解題能力，本書要挑戰人們生來就有天然解題能力的想法。我們希望能給那些對數學及邏輯問題困擾的人信心，並為數學及邏輯狂熱者在處理未來可能遇到的問題時，提供一個新觀點。

第一章
解題簡史

　　人類是解決問題的動物。亞里斯多德將人類定義為 *Zoon Logikon*，大致可翻譯為理性的動物，儘管當時理性還未被定義。我們是理性動物的另一個好案例，在於我們在人類文明演化的漫長歷史中一直呈現對比賽、神秘事物及謎題的興趣。除了身為優秀解題者的純實用性之外，在信史甚或更早之前，人類就著迷於解題並以此為樂。此類活動創造出某種最終需獲解脫的懸疑感，來得到情感淨化——那是觀賞悲劇、解開巨大謎團，以及解開具挑戰性問題時會有的情緒性解脫。歷史上有一個例子說明了人類對於解題的著迷，那就是伊底帕斯古老傳說中的人面獅身謎語。人面獅身是隻有著女性頭部、胸部，以及獅子身軀及鳥翅的怪獸，她會以一個謎語向所有膽敢進入底比斯的人打招呼。她問：「什麼東西早晨有四隻腳，中午有兩隻腳，傍晚則是三隻腳？」若無法解出謎題就會招來死亡，正確答案則能摧毀人面獅身。伊底帕斯給出的答案是：「是人類。人在嬰兒階段（也就是生命的早晨）以四肢爬行，長成後（生命的

午時）能夠站立便以雙腳走路，老年時（暮光之年）則在拐杖的輔助下行走。」就這樣，他在毫不自知的情況下，解開了自己充滿悲劇的過去與未來之謎。

再來想想米諾斯國王。他建了一座迷宮，困住人身牛頭怪物米諾陶爾（Minotaur），以此報復自己的兒子遭雅典人殺害之仇。每一年，都有十四名雅典青年被送進迷宮，從未有人逃出來過，直到忒修斯（Thesus）在米諾斯國王的女兒阿里阿德涅（Ariadne）的幫助下斬殺了米諾陶爾之後，跟著自己進迷宮時解開並一路施放的線團、在蜿蜒的通道中找到出口。這一類迷人又神秘的冒險故事所捕捉的並不是現實，更準確來說，而是人類經驗中情緒與理性被凸顯的真實方式。

在信史中，最古老的書籍是解謎遊戲及謎題集錦。現存最早的手稿中，有一本數學謎題集被稱為阿莫斯紙草書（*Ahmes Papyrus*），得名自抄寫本書的埃及抄寫者（亦稱為林德紙草書，此名稱來自 1858 年收購此書的蘇格蘭古文物家）。這份紙草書是個匿名作品，抄錄於西元前 33 年，在靠近古底比斯的一處遺址中被發現。這本書有八十四個具挑戰性的算術、幾何及代數題目，並附有計算面積的表格、分數的轉換、線性方程式，以及其他與測量有關的資訊。打開這份紙草書，就會看到一段雋語：「*正確的計算：所有存在事物及隱密知識的入口*」。據信，這份紙草書是本實用手冊，對於準確計算何以是成功解題的關鍵，做了詳細說明。當中有些問題出自其他地區，不是用阿莫斯所使用的語言呈現。其中一個問題（第七十九題）以一張清

單來呈現，並未留下問題的敘述：

房屋	7
貓	49
老鼠	343
麥束	2401
穀（赫克特，單位量詞）	16,807
屋子	19,607

這張清單在義大利數學家李奧納多・皮薩諾（Leonardo Pisano，也就是今日人們所知的斐波那契（Fibonacci，c. 1170-1250）所著的《計算書》（*Liber Abaci*）中以題目形式出現，他添加了一個問題以及額外的次方：

有七個老婦人前往羅馬。每個婦人有七頭騾子，每頭騾上駄了七個麻袋，每個麻袋中裝了七個麵包，每個麵包上插了七把刀，每把刀上有七層刀鞘可以握持。請問：婦人、騾子、麻袋、麵包、刀及刀鞘的總數是多少？

在這個問題中，存在著特定的數字概念，7 的連續次方：7^1、7^2、7^3、7^4、7^5、7^6；而最後一個數字是前面各個數字的總

和。這個問題的另一個版本以些微變化出現在 18 世紀的英國兒歌〈前往聖哀維斯的路上〉（*Going to St. Ives*）中：

在我前往聖哀維斯的路上，

我遇到了一個帶著七個妻子的男人，

每個妻子都帶著七個麻袋，

每個麻袋裡都裝著七隻貓，

每隻貓都有七隻小貓，

貓、小貓、麻袋和妻子，

總共有多少人要前往聖哀維斯？

這首童謠是個陷阱題，它問的是「有多少人要前往聖哀維斯」，而不是「有多少人從聖哀維斯來」。事實上，只有敘述者要前往聖哀維斯，其他所有人都是從那座城前來的。

這些早期問題集中有許多帶有教育目的。亞歷山大港數學家丟番圖（Diophantus，200-284 C.E.）撰寫的《算數》（*Arithmetica*）一書，是由闡述代數方程式的謎題所組成，這本希臘選集編纂了類似於阿莫斯紙草書內容的謎語、雋語及數學謎題。阿爾坤（Alcuin，735-804 C.E.）的《青年益智題集》（*Problems for Sharpening the Young*，查理曼大帝委託而作），以及花拉子米（Muḥammad ibn Mūsā al-Khwārizmī，1048-1123 C.E.）的《恢復與還原的計算》（*Calculation by Restoration and Reduction*）都是知名範例。到了 13 世紀，這類選集變得非常普

遍，當中以斐波那契的《計算書》最為知名。斐波那契將該作品設計成對於印度—阿拉伯數字系統的輕鬆簡介，在大約五十年後這個數字系統成為歐洲的主流。在該書第三部（第十二章）中出現了他最有名的問題——「兔子」謎題。讓我們來看看這本開新風之先的作品。

這本《計算書》

斐波那契寫了多本書，其中最知名的就是《計算書》。這本書內容廣泛，蒐羅斐波那契在旅途中累積、以算術和代數為主的有趣問題，後來被廣泛複製及模仿。如前所述，該書向歐洲介紹了印度—阿拉伯的十進位制及阿拉伯數字，是本暢銷書，在接下來兩個世紀的大多數時間內被廣泛使用。

斐波那契在《計算書》的起頭便以下方段落開場，這是這些數字第一次出現於歐洲大陸上。

「九個印度數字分別為：[1]

987654321。

透過使用這九個數字，以及阿拉伯人稱為 zephyr 的符號 0，可以寫出任何數字，如下所示。每個數字都是單

1　原注：斐波那契使用「印度數字」這個詞語來指稱印度語數詞，因為這些數字來自於該處。

位數字加總之和，透過相加，數會一步步增加，沒有
盡頭。一開始，由個位數組成了這些數，從 1 到 10。
第二步，十位數組成了這些數，從 10 到 100。第三步，
百位數組成了這些數，從 100 到 1000……就這樣，透
過一步步無止境的步驟序列，任何一個數都可以透過
加入前面的數而形成。數的寫法第一步寫在右側，第
二個則接在第一個數的左方。」

　　儘管它們相對便利，商人卻懷疑其實用性，並未廣泛接受
這些數字。他們單純是怕被欺騙。

　　有趣的是，《計算書》也包含了二元一次聯立方程式。斐
波那契研究的許多問題，與那些有阿拉伯來源的問題類似，
但這並不會降低這本書的價值，因為它收集了這些問題的解
法，對於數學發展卓具貢獻。因此，許多今日仍然通用的數
學名詞，是由《計算書》首次引入。斐波那契提到了 factus ex
multiplicatione 這個單詞，[2] 從這詞彙首次出現到現在，我們會說
「某數的因數」或是「一個乘積的因數」。另一個被引入當前
數學的詞彙似乎出自這本名著，就是「分子和分母」。

　　《計算書》的第二部包含一堆針對商人出的題目，提到了
貨物的價格、如何在地中海各國轉換不同匯率、計算交易時的

2　原注：David Eugene Smith, *History of Mathematics*, Vol. 2, New York: Dover, 1958, p. 105.

利潤，以及可能源自於中國的題目。

斐波那契瞭解到，商人想要規避教會針對收取貸款利息的禁令，因此設計了一個方法，將利息藏在比原本貸款更高的原始額度上，並以複利來計算。

這本書的第三部則包含各種不同題目：

> 有一頭速度以算術級數增加的獵犬，在追一頭速度同樣以算術級數增加的野兔。在獵犬追到野兔之前，牠們跑了多遠？
>
> 有隻掛在牆上的蜘蛛每天都往上爬特定幾英尺，而每晚又滑下固定幾英尺。牠要幾天才能爬上牆頂？
>
> 在經過進行特定次數的轉手後，兩人每次都有一定比例的盈餘和虧損，請計算兩人各自還有多少金額？

這些經典題今日被視為是娛樂數學，當中有些題目經由《計算書》第一次出現在西方世界。然而，解答的技術才是引介這些題目的最主要原因。這本書對我們的意義，不只在於它是西方世界第一本使用印度數字取代繁複羅馬數字的出版品，也不只因為斐波那契是第一個使用水平分數線的人，更在於這本書的第十二章無意間包含了一個讓斐波那契廣為後人所知的娛樂數學題——那就是兔子繁殖問題。

兔子問題

圖 1.1 是該問題的敘述（包含其邊注）。

圖 1.2 是原始頁面之副本。

圖 1.3 的表格中可見該題目中兔子數量的每月數字變化。若我們假設一對兔寶寶（B）在一個月內能長成成兔（A），可以生產下一代，那麼我們可以畫出圖 1.3。

一開始	1	「有個男人將一對兔子養在某個封閉場所，由於兔子天性是一個月後能生出另一對兔子，而在第二個月後新生的那對兔子也成長到能生出另一對兔子，於是他想要知道在一年後，會有多少隻兔子。因為上面提到的那對原始兔子在第一個月後會生出 1 對兔子，兔子的數量就加倍了；第一個月後會有 2 對兔子。其中一對，也就是第 1 對兔子，會在第二個月生產，所以在第二個月會有 3 對兔子；在一個月時，當中有 2 對會懷孕，所以在第三個月會誕生 2 對兔子，因此第三個月後會有 5 對兔子；在這個月，當中有 3 對會懷孕，在第四個月裡會誕生 8 對兔子，當中 5 對生了另外 5 對；再加上 8 對，第五個月會有 13 對兔子；這月新生出來的 5 對，在這個月不會交配，但另外 8 對會懷孕，因此在第六個月會有 21 對兔子；再加上第七個月誕生的 13 對新生兔子；這個月會有 34 對兔子；再加上第八個月誕生的 21 對兔子；在這個月會有 55 對兔子；再加上第九個月誕生的 34 對；在這個月會有 89 對兔子；再加上第十個月誕生的 55 對兔子；這個月共有 144 對；再加上第十一個月誕生的 89 對；這個月會有 233 對。最後再加上這個月誕生的 144 對；一年後，在上面所提到的這個地方，會有 377 對兔子從最前面提到的那對兔子繁衍出來。
第一個月	2	
第二個月	3	
第三個月	5	
第四個月	8	
第五個月	13	
第六個月	21	
第七個月	34	
第八個月	55	
第九個月	89	
第十個月	144	
第十一個月	233	你可以在邊注看到我們是如何計算的，我們將第一個數與第二個數字相加，也就是 1 加 2，然後再將第二個數與第三個數相加，再將第三個數與第四個數相加，再將第四個數與第五個數相加，接著一個加一個，直到我們將第十個數與第十一個數相加，也就是 144 加上 233，就會得出上面所說的兔子數，也就是 377 隻兔子；因此，你可以不止息地算出任何一個月的兔子數。」
第十二個月	377	

圖 1.1

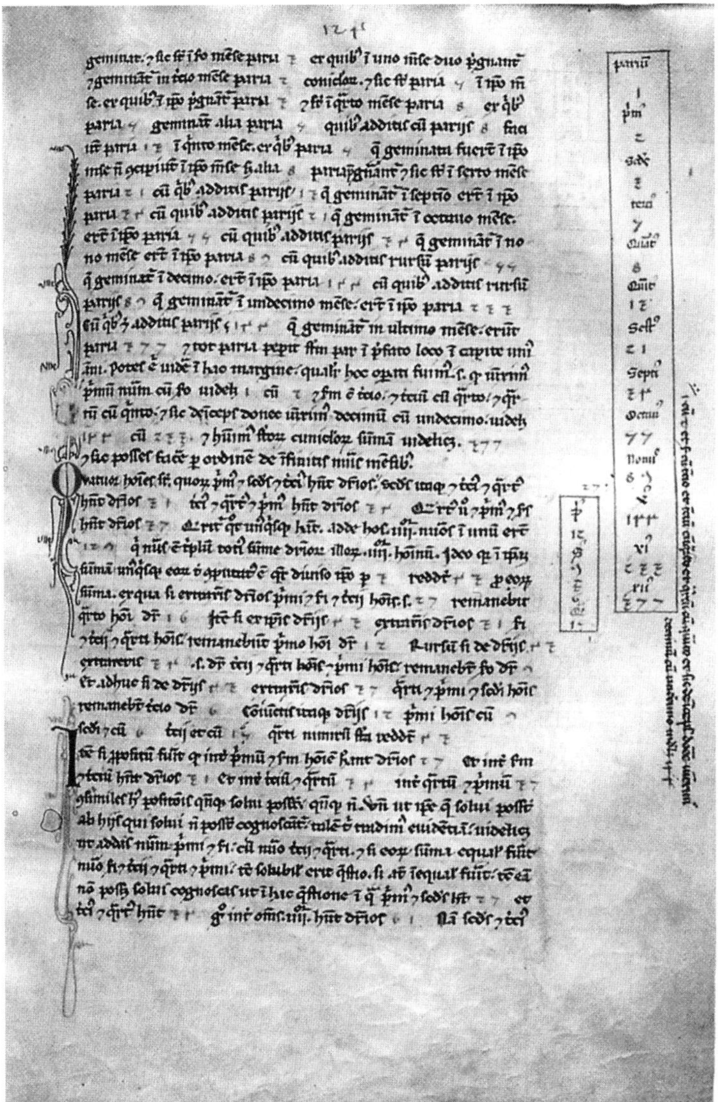

圖 1.2

圖 1.3

月	兔子對數	成年兔子對數 (A)	兔寶寶對數 (B)	全部對數
1月1日		1	0	1
2月1日		1	1	2
3月1日		2	1	3
4月1日		3	2	5
5月1日		5	3	8
6月1日		8	5	13
7月1日		13	8	21
8月1日		21	13	34
9月1日		34	21	55
10月1日		55	34	89
11月1日		89	55	144
12月1日		144	89	233
1月1日		233	144	377

這個問題製造出的數列是

1, 1, 2, 3, 5, 8, 13, 21, 34, 55, 89, 144, 233, 377…

現在被稱為斐波那契數字。乍看之下,這些數字除了擁有讓我們能輕鬆產出該數列上的其他數字,沒什麼驚人之處。我們注意到這個數列(在前兩個數字之後)的每個數字,都是之前兩個數字的和。在一年結束後有 233 對兔子。這個數列現被稱為斐波那契數列,能被延伸至無窮大,在自然及許多人類活

動中，這個數列也曾在無意中被發現。[3]

在 15 及 16 世紀，謎題創作是門有利可圖的技術。對許多人來說，特定謎題被認為既具魔力又有審美性質。1612 年在法國，克勞德加斯帕·巴歇·德·梅齊里亞克（ClaudeGaspar Bachet de Mezirac，1581-1638）出版了一本有史以來最為暢銷的題選集《有趣愉快的數字問題》（*Amusing and Delightful Number Problems*）。

1779 年，知名瑞士數學家萊昂哈德·歐拉（Leonhard Euler，1707-1783）在他的《36 道軍官謎題》（*Thirty-Six Officers Puzzle*）中介紹了組合數學（mathematical combinatoric）。19 世紀則開始於英國數學家奧古斯塔斯·德·摩根（August De Morgan，1806-1871）的《悖論小考》（*A Budget of Paradoxes*，1826），完結於路易斯·卡羅（Lewis Carroll）的《枕頭問題》（*Pillow Problems*，1880）和《揪結的故事》（*Tangled Tales*，1885）。1883 年，以數學相關書寫聞名且大力推廣斐波那契數字的法國數學家愛德華·盧卡斯（Francois Edouard Anatole Lucas，1842-1891）發明了河內塔謎題：

> 一間位於河內的寺院裡有 3 根釘子。其中一根上面放
> 置了 64 個由上到下依小到大放置的金盤——最大的盤

3　原注：若欲對斐波那契數有更多了解，請見下列著作：*The Fabulous Fibonacci Numbers*, by A. S. Posamentier and I. Lehmann, Amherst, NY: Prometheus Books, 2007.

子在底層，最小的則在最上層。僧侶奉神之命，要將所有金盤依照由上到下、依小到大的順序，移到第三根釘子上。移動過程中，三根釘子全都可以用到。當僧侶移動最後一個盤子時，世界就會終結。為什麼？

　　世界會終結是因為要完成任務，僧侶要搬動 $2^{64}-1$ 次盤子。倘若每搬動一次就要花上一秒，在不出差錯的情況下，該任務要花上 582,000,000,000 年才能完成！

　　20 世紀對於各式謎題的興趣大幅增長，包括 1913 年填字遊戲的發明以及 1973 年魔術方塊的發明。除了為數眾多的協會及組織之外，也有不少個人幫助建立起娛樂性解謎作為常見的消遣，像是馬丁‧加德納（Martin Gardner，1914-2011）、大衛‧辛馬斯特（David Singmaster，1939-）以及雷蒙德‧史慕揚（Raymond Smullyan，1919-2018）。這段簡單的歷史回顧支持了人類確實是理性動物的說法，如同馬賽爾‧達內西（Marcel Danesi）所主張（2002），人類可能擁有「解謎本能」。[4] 然而，儘管擁有如此令人刮目相看的謎題集譜系，這些文本中卻鮮少討論對解謎及解題來說有重大影響的心理程序。阿莫斯紙草書中提到「準確的計算」是解題程序的一部分。除此之外，這些題目選集也說明了題目及謎題中通常隱藏了答案，並呼求解答。

4　原注：Danesi, M. (2002). *The Puzzle Instinct: The Meaning of Puzzles in Human Life.* Bloomington, IN: Indiana University Press.

解題的心理面向

19世紀晚期，心理學學科在學界的科學根基上創建。心理學主題中有許多源自於對於感官知覺的哲學討論。威廉·馮特（Wilhelm Wundt，1832-1920）在萊比錫大學開始了對於其他事物的感官及知覺的實驗性檢驗。馮特相信，有意識的想法源自於感官形像；而抽象及概念性思考已超越可實驗的研究範疇。曾為馮特學生的奧斯瓦德·屈爾佩（Oswald Kulpe，1862-1915）不同意這種說法；相反地，他認為更高等的心智程序是不倚賴形象的，而是可以透過觀察解題程序，以系統性、科學化的方式呈現出來。屈爾佩最具影響力作品來自他的實驗室，當時他在符茲堡大學進行定勢（Einstellung，態度）或稱心向研究。屈爾佩所使用的定勢效應簡單範例，是讓受試者看一疊不同顏色及排列的字卡，上面寫著無意義音節。部分受試者被要求專注在顏色上，其他受試者則專注在音節上。當被要求回報看到什麼時，被指示要專注在顏色上的受試者，大都能順利回想起色彩，但在回想音節時就沒那麼成功；相對地，那些被要求專注音節的人，在回憶音節時相對成功，但在回憶色彩時就非如此。這顯示了，指示本身創造出一種定勢效應，導引受試者將注意力放在特定刺激上，而偏離了其他刺激。這也說明了，環境中的感官刺激不會自動成為意識形像或想法。

然而，關於定勢效應最令人印象深刻的研究是水瓶問題，該問題在路琴及路琴（Luchins and Luchins）的《行為的剛性：

定勢的變分法》（*Rigidity of Behavior：A Variational Approach to Einstellung*）[5] 一書中被複製及擴大。在這項研究中，受試者面臨一個假想情況，每個人有三個大小各異的水瓶，水源的供給沒有限制；他們被要求想出方法來取得特定量的水。其中一次實驗的規定及結果如下所示。第一條是一個實際範例（裝滿容量為 29 單位的水瓶，從中倒出 3 單位的水）。

實驗組被要求依序解第 2-11 題；控制組得到同樣的指示進行解題，但被要求從第 7-11 題解起。第 2-6 題被稱為定勢題，因為它們會喚起同樣的解題模式題 $b-a-2c$。第 7、8、10 及 11 題則是關鍵題，因為能用相對直接的方式來解 $a-c$ 或 $a+c$，也可以用較長的定勢方式解題。第 9 題是恢復題，有助於受試者從定勢效應中恢復，使其有公平的機會看到第 10 及 11 題更為簡短的解題方式。

題目	水瓶有下列幾種尺寸			得出所需水量
	a	b	c	
1. 練習	29	3	--	26
2. 定勢 1	21	127	3	100
3. 定勢 2	14	163	25	99
4. 定勢 3	18	43	10	5
5. 定勢 4	9	42	6	21
6. 定勢 5	20	59	4	31
7. 關鍵題 1	23	49	3	20
8. 關鍵題 2	15	39	3	18
9. 恢復題	28	76	3	25
10. 關鍵題 3	18	48	4	22
11. 關鍵題 4	14	36	8	6

下方是關鍵題 7、8、10、11 的兩種可能解答：

題目	定勢解法	直接解法
7	49－23－3－3＝20	23－3＝20
8	39－15－3－3＝18	15＋3＝18
10	48－18－4－4＝22	18＋4＝22
11	36－14－8－8＝6	14－8＝6

下面結果顯示出受試者針對關鍵問題展現出的典型表現：

題目	定勢解法	直接解法
控制組兒童	1%	89%
實驗組兒童	72%	24%
控制組成人	0%	100%
實驗組成人	4%	26%

　　研究結果顯示，控制組中有 89% 兒童及 100% 成人發現了簡短直接的解法；然而，實驗組中只有 24% 兒童及 26% 成人使用了直接解法。在實驗條件中，有 72% 兒童及 74% 成人使用了較長的定勢解法。實驗結論是，定勢創造出一種機械化的心智或心向，造成人們反而對較簡單明顯的解法視而不見。我們並未按照實際情況來檢視問題，而是被在其他狀況下很實用、卻很機械化的心理定勢所引導。典型情況像是在學校課程中設

5　原注：Luchins, A. S. & Luchins, E. H. (1959). *Rigidity of Behavior: A Variational Approach to Einstellung*. Eugene, OR: University of Oregon Press.

計了許多練習題，裡頭的題目能創造出得出特定解法的心理定勢。這樣的設計會讓學生無法以自己的觀點來看新問題，從而錯失了其他可能的解題策略。

其他人稱這種效應為負面轉移。斐德烈克・巴特雷特（Fredrick Bartlett）[6] 在觀察學生解「字母算術」題時，發現了這個現象。這類題目是要用數字取代題目中的字母，從 1 到 9 每個數字都有相應的字母，每一個字母都擁有一個異於其他字母的數字。相對應後要讓整個算術式正確（在此範例中，是加法算式）。下面讓我們一起來解一題這種字母算術題：

以下各字母分別代表一個簡單加法式中的位數：

$$\begin{array}{r} \text{S E N D} \\ + \ \text{M O R E} \\ \hline \text{M O N E Y} \end{array}$$

題目要我們找出代表這些字母的數字，好讓這個算式正確。在此活動中最重要的是分析，特別是要使用推理。

這兩個四位數數字的總和不會超過 19999。因此 **M**＝1。

接著我們得出 **MORE** < 2000 及 **SEND** < 10000，因此我們知道 **MONEY** < 12000。所以，我們得知 O 不是 0 就是 1。但因為 1 已經被用過了，因此 **O**＝0。現在算式如下：

6　原注：Bartlett, F. (1958). *Thinking: An Experimental and Social Study*. New York: Basic Books.

```
   S E N D
+  1 0 R E
─────────
 1 0 N E Y
```

現在 **MORE** < 1100。如果 **SEND** 小於 9000，那麼 **MONEY** <10100，這樣會暗示 N＝0。但因為 0 已經被用掉了，所以不可能；因此可推論 **SEND** > 9000，這樣得出 S＝9。現在算式如下：

```
 9 E N D
+ 1 0 R E
─────────
 1 0 N E Y
```

剩下的數字還有{2, 3, 4, 5, 6, 7, 8}。讓我們來檢視這些數字。這些數字兩兩相加的最大和為 7＋8＝15，最小和為 2＋3＝5。那麼，如果 **D**＋**E**<10，在沒有進位到 10 位數時，**D**＋**E**＝**Y**；若是進 1 到十位數，則 **D**＋**E**＝**Y**＋10。如果進一步依此論點推導到十位數欄，在不進位時會得到 **N**＋**R**＝**E**，若進 1 到百位欄則會得到 **N**＋**R**＝**E**＋10。然而，若沒有進位到百位欄，那麼 **E**＋0＝**N**，這暗示 **E**＝**N**。但這是不被允許的。因此，一定有進位到百位欄。所以 **N**＋**R**＝**E**＋10，而 **E**＋0＋1＝**N**，或是 **E**＋1＝**N**。

將前面等式得出字母N的數字代入後，我們得出：(**E**＋1)＋**R**＝**E**＋10，這代表 **R**＝9。但這個數字已被用在字母 **S** 上了，所以我們必須嘗試一個不同的方式。因此，我們必須假設 **D**＋

$E=Y+10$，因為既然剛剛進入了死胡同，我們很明顯地需要進位到十位數欄。

現在十位數欄是 $1+2+3<1+N+R<1+7+8$。然而，如果 $1+N+R<10$，就不會進位到百位數欄，又回到前面 $E=N$ 的困境，這並不被允許。所以我們得知 $1+N+R=E+10$，這就確保了進位到百位數欄。因此，$1+E+0=N$，或是 $E+1=N$。將之代入上面等式 $1+N+R=E+10$，我們就會得到 $1+(E+1)+R=E+10$，或是 $R=8$。現在算式如下：

$$
\begin{array}{r}
9\,E\,N\,D \\
+\ \ 1\,0\,8\,E \\
\hline
1\,0\,N\,E\,Y
\end{array}
$$

從剩餘的可利用數字清單中，我們發現 $D+E<14$。所以從 $D+E=Y+10$ 的等式中得知，Y 不是 2 就是 3。如果 $Y=3$，那麼 $D+E=13$，這樣暗示 D 和 E 代表的數字只能是 6 或 7。如果 $D=6$ 而 $E=7$，那麼從前一個 $E+1=N$ 的等式中，我們會得出 $N=8$，這是不可接受的，因為已得出 $R=8$。如果 $D=7$ 而 $E=8$，那麼從前一個等式 $E+1=N$，就會得出 $N=9$，這是不能接受的，因為 $S=9$。因此，$Y=2$。現在算式如下：

$$
\begin{array}{r}
9\,E\,N\,D \\
+\ \ 1\,0\,8\,E \\
\hline
1\,0\,N\,E\,2
\end{array}
$$

因此 **D**＋**E**＝12。得到這個和的唯一解是 5 和 7。

如果 **E**＝7，我們就會再一次從 **E**＋1＝**N** 的等式中得到 **N**＝8 這個不被接受的答案。因此，**D**＝7 而 **E**＝5。我們現在可以再一次利用 **E**＋1＝**N** 的等式來得出 **N**＝6。最後，我們得出解：

$$
\begin{array}{r}
9\,5\,6\,7 \\
+\ \ \ 1\,0\,8\,5 \\
\hline
1\,0\,6\,5\,2
\end{array}
$$

巴特雷特發現，學生之所以會遭遇困難，是因為他們做加法及減法題時習慣從右到左進行。對巴特雷特來說，學生解題時從最右邊欄位開始求相加和，再依序向左一個欄位、一個欄位進行的這種習慣是如此根深蒂固，而讓他們無法設想跳出這個順序先計算另一組數字。

卡爾・當克（Karl Duncker，1903-1945）[7] 以類似方式，透過他所謂的*功能固著*（*functional fixedness*）概念，調查了過去的經驗如何限制人們解決問題的能力。觀念固著被定義為一種心智上的限制，拒絕使用新方式來解決問題。一開始，受試者會看到腫瘤問題：「假設有個人得了不宜動手術的胃部腫瘤，而太強的射線足以摧毀其細胞組織；那麼，要用何種方式來使

7　原注：Duncker, K. (1977). On problem solving. In P. C. Wason and P. N. Johnson- Laird (eds.), *Thinking: Reading in Cognitive Science*. Cambridge: Cambridge University Press.

用這些射線來消除腫瘤，與此同時又能避免摧毀周邊的健康組織呢？」透過檢視不同人試圖解決這問題的方式，會發現解題的程序是從一般通解、到功能性解法，再到特定解法。舉例來說，通解可能是「避開射線接觸到健康組織」；一旦人們想到這點，就會進一步想到數個功能性解法，像是「利用安全路徑進入胃部」或是「移除路徑上的健康組織」，最後會得到特定解法，像是「使用食道」或「插入導管」。如果這些解法都失敗了，就會提出新的通解或功能性解法，像是「調降射線經過健康組織時的強度」；更特定的解法也會跟著出現：「在射線靠近健康組織時調降強度，當射線抵達腫瘤後再調高」，最後會得到正確解法：「使用定焦鏡頭」聚焦到腫瘤上（見圖 1.4）。根據當克，問題就出在只關注單一射線造成的結果；而正解是突如其來的靈光一現，在那種靈光乍現的經驗中，理解到射線可被分成較微弱的多道射線，再匯合在腫瘤上。

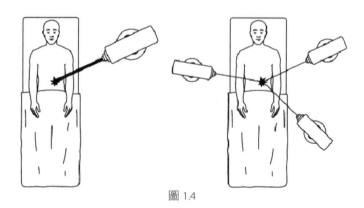

圖 1.4

為了更仔細調查這個現象，當克設計了一系列相關問題來克服功能固著。舉例來說，他給受試者三個紙箱、火柴、圖釘和蠟燭，要他們將蠟燭垂直立在近處的一道牆上作為檯燈使用。部分受試者拿到分別裝著火柴、蠟燭及圖釘的三個箱子（亦即箱子是裝置物件的容器）；其他受試者拿到的東西雖然一樣，但火柴、蠟燭及圖釘是放在箱子外的（見圖 1.5）。

(a) 利用盒子的情況

(b) 未利用盒子的情況

(c) 解答

圖 1.5 蠟燭問題

　　這個題目的解答是，將蠟溶化後滴在盒子上，將蠟燭直立黏在盒子上，最後將盒子釘到牆上。解答在盒子裝滿道具的情況下，比在空盒的情況下更難被解出。當克的解釋是：將物件擺入盒中，促使人們形成盒子為容器的固著想法，因此人們更難重新賦予箱子支撐的功能。當克用迴紋針和繩子檢驗該問題的其他變量，所有結果都證實了功能固著是解決問題的障礙。定勢效應、負面轉移以及功能固著的影響，全都證明一直重覆極為嚴格又老舊的習慣，可能會阻礙具生產力的解題模式。

用於解題的格式塔模式

　　雖然這些早期研究展現出解題時的重要阻礙，但它們並未提出有效解題的正面方法。我們是如何解題的？根據格式塔（模式）心理學家的觀點，解題是一種尋找問題每一面向彼此之間關聯、以達到結構性理解的過程；也就是說，要去理解問題的各個部分如何彼此連接以滿足目標的要求，當中包括以新的方式重新整理問題的各個元素。

　　這個過程有個重要面向，就是去克服已建立好的解題模組，因為這些模組會限制我們理解問題的方式。如果不能以新的方式來檢視問題情境，我們就無法看到將各個元素重新建構或是連接起來的新方式。舉例來說，當試圖解出只有四條直線將所有點連接起來，且鉛筆不能離開紙面、只能用一筆畫完成的九點問題（圖 1.6）時，找出解答通常相當困難。這九個點看似組成一個方形，並強加一個解題模組給解題者（讓人覺得解答必須要限制在這個方形當中）。當你想到這幾條線可以延伸、超過可見方形周長形成的邊界時，就能找出解來。

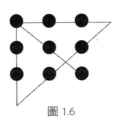

圖 1.6

　　這個方法最早由格式塔心理學創始者、德國心理學家沃爾夫岡‧科勒（Wolfgang Köhler）[8] 所提出。科勒花了四年時間在大西洋的特內里費島上對靈長類的解題行為進行了廣泛研究。他在專書《類人猿的智力》（*The Mentality of Apes*）中發表了自己的發現。在一個典型情境中，他觀察了一頭名為蘇丹的類人猿的行為。蘇丹被圈在一大塊被圍住的土地上，這塊地上有些條板箱及棍子，天花板上則懸掛著香蕉，但是高度有點太高，牠的手搆不著。科勒觀察蘇丹嘗試搆到香蕉卻屢屢失敗。在經歷一段被描述為強烈思考（醞釀）的漫長停頓之後，洞察似乎

8　原注：Köhler, W. (1925). *The Mentality of Apes*. New York: Harcourt Brace Jovanovich.

一閃而過。蘇丹將條板箱疊起來後爬了上去、用手搆著了香蕉。根據科勒,這個解並非持續試錯得來的結果,而是在一段醞釀及洞察時間之後,對問題的各個元素進行重新整理的結果。

很難不將蘇丹想像成原始的阿基米德,當他泡在澡缸裡看著水面升起時,他發現了判斷國王皇冠體積的方法;儘管書中並沒有記載蘇丹是否咕噥著 Eureka !(我找到了!)一詞。雖然今日我們幾乎不再使用像是洞察或重整這麼模糊又不準確的詞彙,但很明顯地,這個格式塔方法試圖捕捉解題時得到新解所必經的創意心智程序。格式塔學派的原初創始者馬科斯・韋特墨(Max Wertheimer)[9]在他的著作《創造性思考》(*Productive Thinking*)中區分了兩種思考模式,其中一種稱作創造性思考,是為問題創造一個新的解法,因它重新組織了問題;另一種思考方法則基於將過去的解法應用到問題上,被稱為複製性思考,因為它單純應用了舊習慣。教導學生如何算出平行四邊形面積的兩種方式,可用來說明兩種思考的區別。其中一個強調了平行四邊形的幾何或結構特性——舉例來說,向學生展示在圖形一頭的三角形可以被移到另一頭,因而形成了一個長方形(見圖 1.7 左側)。另一種方式強調了如何計算面積的步驟,插入垂直線後將高乘以底。

9　原注:Wertheimer, M. (1959). *Productive Thinking*. New York: Harper & Rowe.

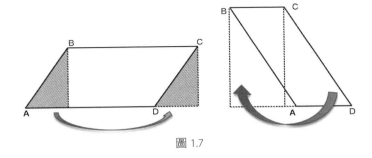

圖 1.7

　　雖然依照這兩種不同方式教導的學生，在計算平行四邊形面積的標準任務上表現得一樣好，但他們在轉化所學應用到新任務的能力上卻出現了不同的結果。那些透過「理解結構特性」來學習的學生，能夠計算出不常見平行四邊形及形狀的面積，並辨認出無法計算的情況；而那些只學習機械式算式的學生，則出現了無法延伸所學的困難，常會回答：「我們沒學過那個。」

　　這種格式塔的解題方法，嘗試將思考程序切割成數個不同階段。早至 1926 年，英國心理學家葛拉罕‧瓦利斯（Graham Wallis，1858-1932）就提出具有創意的解題方式會依照四個步驟進行。在第一階段的*準備期*當中，問題解決者收集關於這個問題的資訊。這個階段的常見特徵是辛苦又受挫地處理問題，但通常少有進展。在第二階段的*醞釀期*當中，問題解決者將問題放在一邊，似乎沒在處理它；雖然如此，他可能在無意識中處理了這個問題（如同幼鳥在蛋中、旁人未見的情況下長大）。*醞釀*階段會帶來第三階段的*啟發*，在這個階段會浮現某些關鍵洞見或新想法。這個階段為第四階段*驗證*奠定基礎，在第四階

段中解題者證明了這個解的可行性。

在更靠近現代的時間點，知名匈牙利數學家喬治·波利亞（George Polya，1887-1985）在他的著作《如何解題》[10]中提出了解題的一系列步驟。這些步驟根基於他擔任數學教師時對他學生的觀察。

(1) *理解題目*——解題者收集關於題目的相關資訊，並問：「你想要什麼（或是什麼是未知的）？你已知什麼（或數據和條件是什麼）？」

(2) *設計計畫*——解題者收集題目相關資訊，並問：「我知道任何相關的問題嗎？我能基於過去的經驗以一種新方式重新說明目標嗎（逆向解題）？或是我能基於過去的經驗以新方式重新說明已知什麼嗎（順向解題）？」

(3) *執行計畫*——解題者嘗試設計好的計畫，檢查每一步驟是否可行。

(4) *回顧*——解題者嘗試用另一種方法或檢視這方法是否與其他部分相合，來檢視解答是否正確，並問：「我可以把這個結果或方法用在其他問題上嗎？」

---

10 原注：Polya, G. (1957). *How to Solve It?* Princeton, NJ: Princeton University Press.

波利亞以下面這個幾何問題來說明這些步驟：

算出一個錐底為正方形的直稜錐之錐台體積。已知錐台高度為 h、下底（區域 1）邊長長度，以及上底（區域 2）的邊長長度（圖 1.8）。

解題過程

(1) *理解題目*。解題者問：我想要什麼？答案：錐台體積。解題者問：你已知什麼？答案：區域 1 的邊長、區域 2 的邊長和高。

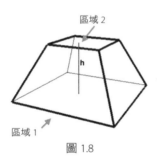

圖 1.8

(2) *設計計畫*。如果你無法解出答案，看看是否有個相關問題。解題者問：我能解出的相關問題為何？答：整個錐體的體積。解題者問：我能以不同方式重新說明已知問題的目標嗎？答：將解題目標重新表達為整個錐體的體積減去上部較小型錐體的體積。將已知重新表述，計算出整個錐體的高度及上部較小型錐體的高度。

(3) *施行計畫*。使用已知公式算出整個錐體的高、較小錐體的高，以及兩個錐體分別的體積。解：將較小錐體的體積從較大錐體的體積中減去。（$V = 1/3\ hB$）。

(4) *回顧*。解題者問：我能把這個方法使用在其他問題上嗎？我看出了這個方法的整體邏輯了嗎？

　　雖然瓦利斯和波利亞提出的系列步驟只是對解題過程中發生的事進行解釋，但他們確實幫助我們更清楚看到格式塔心理學中何謂洞見與重建的想法。建立目標並進行重新說明、找出一個由目標出發順向或逆向解題的計畫、施行並檢視計畫，這些都是關於重建及解題過程更為清晰的紀錄。所以，這可能就是蘇丹盯著那些香蕉，並進行「激烈思考」時在做的事！

　　格式塔心理學家對於解題背後複雜的心理程序理解的企圖，產生了數個具挑釁意味的想法。他們強調僵化的思考以及心理定勢，在解題上可能造成的阻礙。創造性及複製性思考兩者之間的區別，幫助我們釐清了解題時相關的思考複雜性。更有甚者，在各個步驟（理解問題、重新建立或重新組織問題相關元素，以及測試解答）中，思考如何找到解答可能是其中最棒的程序。在這個程序中，我們得去思考關於孵化及洞察的階段。

關於創意解決問題的進一步想法

假設重新架構問題是個關鍵步驟,那麼解題者在處理一個困難問題時,是如何找到新觀點和新的心理定勢的?探討這議題的另類方式,是檢視那些已找到全新且具神奇生產力方式來解決問題的案例。我們可以檢視那些顯然非常具有創意的人,像是帕布羅‧畢卡索、路德維希‧范‧貝多芬、理查德‧華格納等藝術家,或是如查爾斯‧達爾文和瑪麗‧居禮這樣的創新科學家。研究已顯示,這些有創意的人都有一些共同點,那就是他們在自己的成就領域都有廣泛的知識庫及技能儲備。他們通常很聰明、愛冒險、願意忽略批評,並且能容許模糊的發現或情況。此外,高創意者的動力主要來自工作本身帶來的樂趣,而非外在的回報。最後,這樣的高創意者通常會「在正確時間出現在正確地點」。換句話說,他們通常是在自由並具支持性的環境下,擁有足夠資源,來面對已準備好瓜熟蒂落的問題。不過,這種種因素僅為創意搭設了舞台;我們仍要問,當一個創意者在尋求嶄新解答時,他的大腦發生了什麼事?那些身為優秀解題者的人,和那些不是的人之間有什麼(如果真的存在的話)不同?又是何者造成了這種不同?

關於這點有許多不同觀點。有些人強調先天因素,有些人則強調社會或文化因素。但當中有一個似乎每個人都同意的關鍵因素,就是在特定領域工作的經驗。因此,一個醫生解決問題(做出準確診斷)的品質會在多年行醫後不斷改善;一名電

工解決問題（找出問題何在以及安排複雜電路系統）的品質，會隨著工作經驗而增強。同樣情況在畫家、教授或警官身上也是一樣——他們全都伴隨經驗的累積成了更好的問題解決者。但為什麼經驗能讓解決問題的能力進步呢？

擁有經驗並不代表解決問題的能力就能進步；但如果你是一個優秀的問題解決者，或者你自認是一個專家，你就會在你的成就領域有相當程度的經驗。關於這點，其中一個原因是隨著多年經驗，優秀的問題解決者收集到他們專業領域的龐大資訊。確實，這就是何以人們往往建議若要在一個領域獲得專家地位，無論是數學、音樂、西洋棋或軟體設計，通常需要整整十年的時間。據估計，十年時間是取得所需事實、並足以交叉使用對比這些資訊所需的時間。

然而，重要的是，要理解到優秀的問題解決者與新手相比，不僅是擁有更多事實及資訊；他們還擁有一組專注於優先順位模式的不同形態知識。這種知識讓專家能以更大單位來進行思考，以更大步驟來處理問題而非較小步驟。舉例來說，這種能力在對西洋棋棋手的研究中就很明顯。新棋手在下棋時會以個別棋子的位置來思考；相反地，專家在棋盤上則是將棋子安排成策略群組的方式來進行思考。這種思考之所以可能，是因為更優秀的棋手擁有一套「西洋棋語彙」，能將複雜的概念儲存成一個個單一單元以及一組相關的子程序，再依照浮現的模式給予適切的回應。研究者估計，有些西洋棋大師的記憶中可能有多至五萬組高優先順位模組，每一模組都代表了一個策略模

式。這些模式可以從棋手如何回憶棋局，以及從他們對於問題組織的敏感度偵測得到。此外，高優先順位模組的知識能幫助優秀解題者及專家在思考中使用類比。專家例行性地使用類比，這讓他們在工作中具有極大優勢；並能透過專注於問題的潛在架構而非問題的表面特徵，來推廣類比的使用。

結論

人類是*理性的動物*，然而我們的思考並非完美無瑕，因此在解決問題上常會遇到困難。我們深受許多限制所害，像是不正確的結論、未解決的問題以及愚蠢的決定，在在都會影響我們。解題的心理學已顯示，我們常常淪為我們自身猜測的受害者──雖然沒有這些假設，許多問題會變得定義不良或更加困難。同時，這也引發了我們去探問，是否有讓人們的思考變得更好，做出更準確結論、更具說服力的推論、更好的決定，以及更成功的解題方式？策略會有幫助，教育方法也能帶來益處。確實，我們常聽見人們提出要有能促進批判性思考的教育計畫。最近有些針對思考及解決問題的研究，將有助於我們對於解決問題策略的理解以及如何改善思考。

第二章
探索問題空間：
解決問題的策略

　　在生活當中，我們被許多種類的問題圍繞。有些問題很巨大，像是生涯規劃或是要買哪種車；我們很明確地知道這些是問題，並且有意識地試圖找出解答。其他問題則更實際：要穿什麼衣服？要怎樣過到對街？或是今晚要到哪裡吃飯？我們一般不會把這類問題視為問題，直到典型的解答行不通時（美國人通常會想起，在搭乘深夜班機抵達倫敦後，走出旅館想跨越一條大街時，他們會先看看右方來車，再看看左方來車，但很快就理解到現在需要一個新的解法，來處理日常在美國或在歐陸過馬路時遇到的典型問題）。還有一些專門問題會對我們提出挑戰，像是數學課上或在其他學習中遇到的那些問題，這些問題通常是人為虛構的，用來教育我們找到解答的固定程序或技巧。此外，還有些時候我們會用問題來自娛，像是嘗試解出拼字遊戲或是玩數獨。在談論尋找解答之前，我們需要定義我們生活中遭遇到的不同類型問題。

在心理學上，我們會對定義不明確的問題和定義明確的問題加以區分。[1]在面對定義不明確的問題時，你對於目標只有模糊的感覺。舉例來說，想像你在計畫「暑假該怎麼過」。雖然你知道自己想做些有趣的事，但還是有許多你不知道的部分：我可以花多少錢？待在家附近還是去旅遊？去海邊、山上，還是去造訪某座城市？定義不明確的問題對於解題只提供了模糊的指引。因此，當我們試圖要解決定義不明確的問題時，一開始就要先將它們調整成定義明確的問題——釐清並明確說明目標。這通常包括添加額外限制（花費約在一千美元左右）以及假設（靠近海邊）。當然，透過縮限選項，我們可能會忽略掉更佳選項。但無論如何，更清晰地定義問題在尋找解答的過程中會有巨大幫助。

另一方面，定義明確的問題是那些你打從一開始就清楚知道目標何在，且知道你有哪些選項來達成目標的問題。舉例來說，在解回文構詞字謎（字母打散的單字）*subufoal* 時，你馬上就知道答案與組成某個英文單字的八個字母有關；你也知道，你找到答案的方式是重新安排字母順序，而非（舉例來說）將字母顛倒排列。你不會浪費時間添加字母或是將字母改為數字；字型及墨水顏色都與答案無關。在這個*問題空間*當中，我們可以想出問題的答案：*fabulous*! 在定義明確的問題中，你對於*問*

1　原注：Newell, A. & Simon, H. (1972). *Human Problem Solving*. Englewood Cliffs, NJ: Prentice-Hall.

題空間有清楚的認知；也就是說，你在解決定義明確的問題時，思緒會被你所在之處以及你想到達的地方所指引。因此，瞭解這個處於初始狀態及目標狀態當中的問題空間，成為解題心理學的重要取向。在面對定義明確問題時，你從一開始就對目標有清楚的概念，你也知道你有哪些選項可用於達成目標。然而，我們當中許多人在面對具挑戰性的問題時，立刻就想要找到解法；而優秀的解題者和專家卻是花上很多時間、試圖以問題空間的方式來理解問題。找到解法端賴我們如何理解問題空間，並於當中尋找到解答。

演算法

在問題空間當中進行尋找時，有許多不同的策略，一般可分為演算法和捷思法。[2] 演算法是一步接著一步的程序，總能為問題產出一個解。演算法通常被用在電腦上，因為當中涉及按部就班的嚴格步驟，以及達到解的必然性。在我們的日常生活中，演算法通常會自動進行，可稱為習慣（像是過馬路時自動向右看或向左看）。相對地，捷思法則是經驗法則，包括進行選擇性的尋找、檢驗最有可能產出解的那部分問題空間。我們在本章稍後以及下一章，會更仔細地討論捷思法。

2　原注：Reisberg, D. (2013). *Cognition: Exploring the Science of the Mind*. New York: W. W. Norton.

當面臨一個新情況或問題時，我們的天性會讓我們以過去的經驗來處理；先前的經驗是我們大多數行為及行動的基礎。因此，當面臨一個新問題時，若我們看到它與先前經驗的相似性，我們就會用那個經驗、選擇符合這問題的演算法或是捷思法，來找出解答。如果我們是正確的，過去的經驗與這個問題可相匹配，問題就能迎刃而解。但如果我們先前的經驗與我們所面臨的新問題並不匹配，我們就會經驗到困難及挫折。事實上，我們先前的經驗可能會阻礙我們看到新問題的線索，即使解其實很明顯。今日，這種效應被稱為*心理定勢*（或稱*定勢效應*，見第一章）。研究發現，在成功於數個情況中使用一種解題策略之後，這個策略會自動被重覆用於其他問題上，甚至用在那些並不合適此策略以及那些擁有更明顯解法的問題中。

　　若我們看到使用演算法的機會，我們就必須認出解決這個特定問題時所需的一系列步驟。也就是說，我們必須看到有必須要以特定順序完成的步驟存在，而這些步驟不能被取代。演算法像食譜一樣，能準確地告訴你在解決問題時每一步要做什麼。下面是個非常簡單的例子，思考一下：你有一塊面積 8 英尺 ×8 英尺大的金屬片，你從上頭切了 3 英尺 ×3 英尺的一小塊下來。此處的問題是，計算出剩餘金屬片的面積。找出解的演算法可能如下：

　　畫出五個空白計算欄：

1. 將第一個欄位標注為「大」	大	8	
2. 將第二個欄位標注為「小」	小	3	
3. 將第三個欄位標注為「總和」	總和	11	
4. 將第四個欄位標注為「不同」	不同	5	
5. 將第五個欄位標注為「結果」	結果	55	

接著執行下列步驟：

1. 在欄位「大」中記錄大金屬片其中一邊的尺寸；
2. 在欄位「小」中記錄小塊金屬其中一邊的尺寸；
3. 計算欄位「大」及欄位「小」的總和，並將結果記錄在「總和」欄位中；
4. 計算欄位「大」及欄位「小」的不同，並將結果記錄在「不同」欄位中；
5. 計算欄位「總和」及欄位「不同」的結果，並將結果記錄在「結果」欄位中。

　　使用這種演算法來解題更有效率。它不要求你知道如何計算出正方形的面積；只要你確實按照每個步驟進行，就能得到這種特定類型問題的解。有時候，我們會在類似數學課的教育環境下使用這種策略，一絲不苟的精確性讓這類演算法能被完美編碼、進入電腦程式之中。使用演算法能為剛學習如何解題的人提供快速、輕鬆又正面的經驗。然而，也存在著特定限制，

會讓演算法並非最佳或最理想的解題策略。

　　演算法易學且能快速使用，但你必須確實知道在特定問題情況下要遵守哪個策略步驟。你必須知道在特定問題的情況下「該做些什麼」；你不需要知道「為什麼」你要這麼做，也不需要理解為什麼這些步驟會管用。但這個限制，影響了演算法能被應用的方式。演算法是為特定問題發展出來的，當我們面臨的問題出現了細微變化（例如，當你從較大金屬片上移除的是一個長方形而非正方形時，上述演算法就不管用了），或是當我們面臨一個全新的問題時，演算法也不管用。換言之，我們在轉移一個策略性知識到同類問題的變體時，就會遇到困難。當兒童及成人無法轉移策略性知識時，教育者通常會經驗到以下這種困難。舉例來說，高中生學到下面這個解決物理問題的演算法：

　　　　如果火車從第一秒的每秒 15 英里的速度，平均地增加
　　　　到第十二秒結束時的每秒 45 英里，那麼火車的加速度
　　　　（每秒的速度增加）為何？

　　雖然學生在解物理題時相當迅速，但在將同一個演算法轉移到解代數題上卻不太成功：

　　　　華妮塔在銀行擔任出納，薪水是每年 12400 美金，且
　　　　每年增加的金額都一樣。在她工作第十三年時增加到

每年 16000 美金。請問，她每年薪水增加多少？

　　解題者可能無法看出用於物理問題的演算法與解這個代數題目有關，兩者擁有同樣的結構。演算法為解特定問題提出了特定的方法或步驟，[3] 但若沒有理解背後的策略或意義，就無法把此演算法移用到其他問題上，也因為這層限制，人們對更為有用的捷思法有更大興趣。

捷思法

　　捷思策略（源於古希臘語中的「發現」或「探索」之意）是指任何一種將務實方法用於解題、但不保證理想、完美、具邏輯性或理性的方法。相反地，它反而強調找到一種直達問題目標的有效方式。這個概念一開始由美國諾貝爾獎得主赫伯特・亞歷山大・西蒙（Herbert A. Simon，1916-2001）引介到心理學界。西蒙的主要研究顯示，我們一般會在他稱為「有限理性」的範圍內來處理問題。捷思法是經驗法則，暗示一種在問題空間內處理的策略。最基本的捷思法是試錯，能被使用在每一件事上，從配對螺母及螺栓、完成拼圖謎題，到找出代數題中的變數值，都可以使用。此外，窮舉搜索也是另一種非常基礎的

3　原注：Bassock, M. & Holyoak, K. (1989). Interdomain transfer between isomor phic topics in algebra and physics. *Journal of experimental Psychology: Learning, Memory, and Cognition*, 15, 153–166.

捷思法，也就是你探索這個解的每一個可能的移動或步驟。然而，這些方法都不特別有效率。最有效的捷思策略是*方法—目標分析*。這個策略要問的是：「我目前所處的狀態與我的目標有什麼差異？」接著，在定義差異之後，會問：「我有什麼方法來減少這個差異？」舉例來說，「我想到那間商店去。我現在所在地與商店之間的距離為何？我要如何減少這個距離？開車嗎？但我的車壞了。要怎樣讓車恢復功能？是電池……等。」方法—目標分析會使用一系列子問題（讓車恢復功能、得到電池）來取代原初問題（到達那家商店）。如果這個程序重覆進行，也就是再把這些子目標切分為更小的子目標，就會形成一條通往解的道路。

以這種方式理解問題空間有數個優點。首先，子問題的複雜性可能比原問題來得低，所以比較容易解出。此外，子目標通常更直接。舉例來說，想要到達商店的司機可能發現到最佳路徑是走高速公路，所以「到達商店」的目標被取代為「到達高速公路」，這個新目標可能由較易實行的子程序所組成。最後，擁有較小的子目標會讓問題看起來更容易管理，不再那麼嚇人。

我們可以透過找出河內塔問題（見圖 2.1）解的策略，來進行方法—*目標捷思*的研究。在這個問題中，你遇到一個有三根釘子的木板。在第一根釘子上，有三個由下到上、依大到小擺放的盤子，最大的盤子擺在最底部，最小的擺在頂端（見步驟 0）。你的目標是一次移動一個盤子，最後讓盤子以同樣順序疊

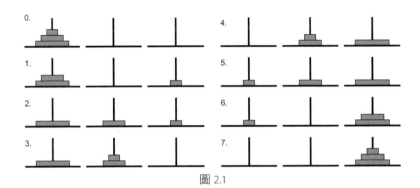

圖 2.1

放在木板最遠端（見目標 7）。一個盤子可被移到另一根釘子上，只要被移動的盤子每次都被放在比它大的盤子上就行。解題路徑有許多種，最有效率的七個步解顯示在圖 2.1 當中。[4]

　　河內塔問題一直被描述為在研究上幾近「完美的」問題，因為它具備了定義明確問題的所有關鍵特徵。它有明確定義的*初始狀態*、明確定義的*目標狀態*（如圖 2.1），以及一組明確的*運算子*或動作來穿越這個*問題空間*。此外，它是那種「偏向」不需任何特定知識或事實，就能求得解的問題。成人和大多數孩童在耗費一些努力及思考後，都解出這個簡單的三盤問題。但只要多加上一個盤子，這個問題就會變得更困難；也就是說，

───────────────

4　原注：你可以玩紙牌版的河內塔遊戲。從同一花色(黑桃)中取出依照數字順序的四張牌，例如 A、2、3、4。將這組牌命名為 A 空間，放在一旁。在 A 的旁邊另清出兩個空白處，稱為 B 及 C 空間。目標是要依照同樣的規則將 A 組牌移到空間 C：數字較大的牌永遠不可被放在數字較小的牌上；一次只能將一張牌移到新空間去。

在四個盤子的情況下，最有效的解需要十五步。大多數孩童和許多成人在面對四盤問題時都會遇上困難。

我們大多數人一開始解三盤問題時，都會使用試錯法，或是透過將最小的盤子移到第三根釘子上，企圖更直接地達成目標（見步驟 1）。但很快地，我們就會理解到，必須要更仔細地考慮目標狀態。在第二動（步驟 2），也就是把中間的盤子移到第二根釘子上之後，你遭遇了一個新問題；你需要找一個空間放大盤子。這是第一個要解決的子目標。我們可以把中間的盤子移回第一根釘子上，或是把最小的盤子移回第一根釘子上，但這兩動都沒辦法解決這個子目標，因為你仍然無法移動最大的盤子。這兩動都會造成你必須移動更多次的盤子，才能達到最終目標。最佳動作是將最小的盤子移回中間的釘子，將它放在中型盤子上（步驟 3）。現在最大的盤子可以被移到第三根釘子上了（步驟 4）。通常，在此時就能清楚看出通往最後目標的路徑。

這種方法—目標分析的核心是建立子*目標*的步驟。每當進行一次移動並出現阻礙時，第一個子目標就會把移除障礙當成新的目標。這個三步驟程序是遞迴的，每一次新阻礙出現時都需要被重覆，直到達到最後目標。在進行三盤河內塔問題時，第一個阻礙出現於步驟 2，此時三個盤子分別放在三根釘子上，似乎無法進一步往最終目標移動。唯一可行的移動方式是往回移動，暫且遠離最終目標。解決這個子目標便能釋放出第三根釘子的空間，讓最大的盤子被移動到第三根釘子上。通常，在

步驟 3 及步驟 4 之間會有一個恍然大悟的「原來如此」經驗，無論兒童或成人都會喊出：「現在我可瞭解了！」然後因為清楚看到目標，就能很快地完成最後三步。

另一個研究方法—目標分析的知名問題是矮人—怪獸問題：[5]

> 有三個矮人和三個怪獸在河的同一側。你的目標是用一艘擺渡於河兩岸的船，確保矮人及怪獸全都安全過河。這艘船每次最多可以載兩頭生物。怪獸會吃矮人，所以在河的兩岸，怪獸的數目都不能超過矮人的數目。怎樣的運送順序能夠讓這六頭生物都過河，而不造成對矮人的傷害呢？

這個問題就比較困難了。

這題的解要十二個步驟，顯示於圖 2.2 中（見下頁。底線代表河流，H 代表矮人，O 代表怪獸，b 代表船）。第一個重要的子目標是要理解在你能安全地將怪獸移過河之前，你必須先將所有矮人移到河的另一邊。找出解的困難之處出現於步驟 6，在此時你必須用船將一個矮人及一個怪獸載回原岸。這個步驟違反直覺，與我們想要減少當前狀態與目標狀態之間最大差

---

5 原注：Meyer, R. E. (1992). *Thinking Problem Solving*, Cognition. New York: Worth Publishing.

1. <u>HHHOOO</u> (b)

2. <u>HHOO</u>　　　　　　把一個矮人和一個怪獸送過河
   HO (b)

3. <u>HHHOO</u> (b)　　　　把怪獸留在對岸，把矮人送回來
   O

4. <u>HHH</u>　　　　　　　把兩個怪獸送過去
   OOO (b)

5. <u>HHHO</u> (b)　　　　　把一個怪獸送回來
   OO

6. <u>HO</u>　　　　　　　　把兩個矮人送過去
   HHOO　(b)

7. <u>HHOO</u> (b)　　　　　把一個矮人和一個怪獸送回來
   HO

8. <u>OO</u>　　　　　　　　把兩個矮人送過去
   HHHO (b)

9. <u>OOO</u> (b)　　　　　　把一個怪獸送回來
   HHHO

10. <u>O</u>　　　　　　　　　把兩個怪獸送過去
    OOHHH　(b)

11. <u>OO</u>　　　(b)　　　　把一個怪獸送回來
    OHHH

12. <u>　　　　　</u>　　　　　把最後兩個怪獸送過去
    OOOHHH　(b)

圖 2.2

異的直覺相違背。在嘗試解這個問題時，我們大多數人在步驟5（將兩個矮人送回原岸）時就打退堂鼓了，撐不到步驟7（將一個矮人和一個怪獸送回原岸）。矮人—怪獸問題之所以困難，在於我們不願意暫時從意圖的目標狀態倒退幾步。

另一個與方法—目標分析有些許關係的策略性捷思法，是*倒推捷思法*。這個有益的策略普遍用於問題的初始狀態存在太多可能運算子或移動的情況。你從意圖的目標狀態開始，檢驗可能的條件，如果意圖的目標很確實，那可能條件就必須很確實。在達成「目標之前」的每一步，這個步驟都會持續進行（你必須要再一次決定在當前狀態為真的情況下，哪些狀態為真）。在三盤河內塔的例子中，你需要認知到在達到最後狀態之前，最大的盤子要放在第三根釘子上；為了要達到這個狀態，另外兩個較小的盤子需放在第二根釘子上（見步驟 3 及 4），等等。

證明等腰三角形兩底角相等，是倒推法的另一個例子。在進行倒推時需要自問：我們如何才能證明這兩個角相等？如果這兩個角是全等三角形的相應部位，那我們就能得出它們相等的結論。接著，我們要問：該如何從已知的等腰三角形中創造出兩個全等三角形？我們可以創造出一條頂角 C 的角平分線，這讓我們得到兩個三角形。如果這兩個三角形全等，那麼我們就得到了我們意圖達成的結論。我們畫出角平分線 $\overline{CF}$，這可能讓 $\angle x = \angle y$，創造出兩個全等的三角形。現在依據邊—角—邊（SAS）假設，我們得出 $\triangle ACF \cong \triangle BCF$。既然這兩個三角形全等並且所求的角度相對應，我們就可得到 $\angle A = \angle B$ 的結

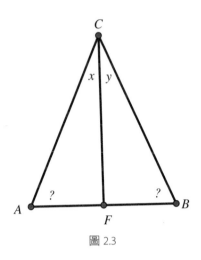

圖 2.3

論。這個解是倒推法的例子，因為要先假設底角相等，然後尋求目標狀態為真的情況下會是真的情況。

另一個能顯示倒推法力量的範例則更複雜。請見下面這個問題：兩個數字的和是 2，同樣這兩個數字的乘積是 5，請找出這兩個數字倒數的和。這類題目在代數課上很常見。大多數學生會從建立有兩個變數的兩個等式開始：

$$x+y=2$$
$$xy=5$$

這兩個等式能使用二次方程式的演算法來解出，那就是 $\dfrac{-b\pm\sqrt{b^2-4ac}}{2a}$，因為 $ax^2+b+c=0$。然而，這個方法產出的 x 及

y 值是複數，也就是 $1+2i$ 以及 $1-2i$。根據原始題目的要求，我們現在要取這兩個數根的**倒數**，然後再找出倒數的和：

$$\frac{1}{1+2i}+\frac{1}{1-2i}=\frac{(1-2i)+(1+2i)}{(1+2i)(1-2i)}=\frac{2}{5}$$

我們在此處需強調，這個方法並沒有錯，只是它並非解這道題目最優雅的方式，也不是最容易理解的方式。

若使用倒推法，我們可以回到題目的最初，看看題目的要求是什麼。有趣的是，這個題目並不是問 x 和 y 的值，而是問這兩個數字倒數的和。也就是說，我們要找出 $\frac{1}{x}+\frac{1}{y}$ 的值。使用倒推法，我們可以問自己這可能會導出什麼；而將這兩個分數相加能給我們答案。由於 $\frac{1}{x}+\frac{1}{y}=\frac{x+y}{xy}$，我們在此馬上取得了題目要求的答案，因為我們知道這兩個數的和為 2，而兩數的乘積為 5。我們只是把最後一個分數的值代入，而得到 $\frac{1}{x}+\frac{1}{y}=\frac{x+y}{xy}=\frac{2}{5}$，我們的問題就解出來了。

另一個展現倒推法步驟力量的問題如下：羅倫手邊有一個 11 公升的罐子和一個 5 公升的罐子。她要如何測量出 7 公升的水呢？大多數人僅僅是猜個答案，或是使用重覆來回「倒水」的步驟，試圖達到答案要求的數字，這是一種「不聰明」的猜測及測試。然而，使用倒推法求解這問題便能以更有組織性的方式來解出。我們最後需要在 11 公升罐子裡留下 7 公升水，倒出 4 公升水。然而，這 4 公升水來自何處呢（見圖 2.4）？

要取得 4 公升水，我們必須要在 5 公升罐子裡留下 1 公升

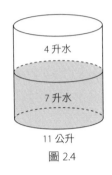

圖 2.4

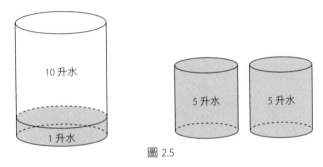

圖 2.5

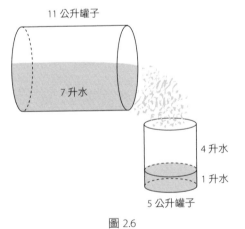

圖 2.6

水。現在，我們要如何在 5 公升罐子裡取得 1 公升水呢？裝滿
11 公升罐子，然後倒進 5 公升罐子裡兩次，兩次倒完後都把水
倒掉。這樣 11 公升罐子裡就會剩下 1 公升水。接著，將這 1 公
升水倒進 5 公升的罐子裡（見圖 2.5）。

　　現在，將 11 公升罐子裝滿，倒出裝滿 5 公升罐子所需的 4
公升水。這樣 11 公升的罐子裡就剩下題目所要求的 7 公升水（見
圖 2.6）。

　　要注意這一類問題並非總是有解。也就是說，如果你想
要建構其他這類問題，你必須要記住，解只出現在兩個已知
罐子容量倍數的差異等於所求容量的時候。在這個問題中，
$2(11)-3(5) = 7$。這個概念可以延伸到奇偶性的討論。我們知道，
兩個同為奇數或同為偶數的數字之和，永遠會是偶數（也就是，
偶數＋偶數＝偶數；奇數＋奇數＝偶數），而兩個數如果一個
是奇數、一個是偶數，它們的和永遠會是奇數（奇數＋偶數＝
奇數）。因此，如果題目是兩個偶數，就無法得出一個奇數。
進一步的討論會有更多成果，因為能讓學生對數字屬性及概念
得到亟需建立的洞見。

　　有許多不同類型的捷思法可用於解答不同類型的問題。下
面是喬治・波亞在他 1945 年經典著作《如何解題》[6] 中所提到
的幾個數學問題常用捷思法：

6　原注：Polya, G. (1945). *How to Solve It?* Princeton, NJ: Princeton University Press.

- 如果你在理解問題上有困難，試著畫圖。
- 如果你找不出解，試著假設你已經知道解了，然後看你能從這點獲得什麼（倒推法）。
- 如果是一個抽象問題，試著用具體例子來檢視。
- 試著先解更普遍的問題（「發明者悖論」：更具野心的計畫有較大的成功機會）。

　　下面這個問題說明了畫圖是什麼意思，一般人在解題時不會被要求畫圖（幾何問題不算，因為這類題當然需要畫圖）；下面這個問題並不期待解題者透過畫圖來理解。

　　五點時，時鐘敲了五下，耗時 5 秒。同一時鐘以同樣速度在十點時敲十下，要花費多少時間？（假設敲擊本身不花時間）

　　答案可不是 10 秒！這個問題的本質並不會讓我們期待透過畫圖來理解題意。然而，讓我們把這個情況畫出來，看看到底發生了什麼事。在這幅畫中，每個點代表一次敲擊。根據圖 2.7，我們總共耗費了 5 秒，而敲擊當中有 4 個間隔。

圖 2.7

圖 2.8

　　因此，每個間隔會花上 1.25 秒。現在，讓我們檢視一下第二個例子：在這裡，我們可從圖 2.8 看出，敲鐘十下留下九個間隔。既然每個間隔會花上 1.25 秒，在十點的敲鐘時間總共要花上 9×1.25＝11.25秒。

　　其他捷思法還包括採用不同觀點來看待問題（稱為突破思維，其中包括主動嘗試以新方式來檢視問題），有時也可透過以極端例子來檢視問題而達成。思考下面這個問題範例，它的最佳解法是透過極端案例來思考：

> 我們有兩瓶 1 公升的瓶子。其中一瓶裝了半公升的紅酒，另一瓶則裝了半公升的白酒。取一滿匙的紅酒倒進白酒瓶中，完全混合這種酒。接著，取一滿匙的新混合物（紅酒加白酒），將它倒進紅酒瓶中。現在，白酒瓶裡的紅酒比較多，還是紅酒瓶裡的白酒比較多？

　　幾個常見的解法可用於此題，解題者會試圖使用已知的資訊，也就是湯匙，來解出這道題目。靠著一些運氣還有聰明，可能會生出正確解答，但是這並不容易，通常也欠缺說服力。我們可以看到，湯匙的尺寸其實並不重要，因為湯匙有大有小。

假設我們使用一支非常大的湯匙，一支巨大到可以裝載半公升液體的湯匙，這可就是極端狀況了。當我們把這半公升的紅酒倒入白酒中，這個混合物中有 50% 紅酒及 50% 白酒。在將這兩種酒混合之後，我們再用我們的半公升湯匙取出這個紅白酒混合物的一半，倒回紅酒瓶中。這兩個瓶子中的混合物現在一樣多；所以，要回答原本的問題，我們可以總結出：白酒瓶裡的紅酒和紅酒瓶裡的白酒一樣多。

我們也可以用另一種使用極端案例的方式來思考，將用來混合酒的湯匙容量視為零。這樣一來，結論馬上就出來了：白酒瓶裡的紅酒與紅酒瓶裡的白酒一樣多，也就是說，一樣都是零！

然而，這道題目的另一個解法是使用一點邏輯推理。當第一次進行液體「運輸」時，湯匙裡只有紅酒。在第二次液體「運輸」時，湯匙裡的白酒與「白酒瓶」裡的紅酒一樣多。這可能需要一點思考，但大多數人會很快就「明白」。

但最重要的是，突破思維需要我們注意到在一開始看見題目時究竟該將注意力放在何處，然後主動地以新方式來呈現題目。許多幾何問題是使用邏輯推理來解出的。將特定問題的細節或元素重新組織，也是一個有效的捷思法。沒有一個捷思法通用於所有問題；此外，也不保證捷思法就能得出解。理解捷思法最好的方式，是把它視為幫助我們得到解的工具。因此，使用任何捷思法的關鍵在於探索，亦即你必須靠自己探索解題路徑。這樣一來，問題就成為學習或教導解題策略的方式。這

在典型課堂上很困難，因為捷思法需要花時間探索問題空間。重點不該全放在正確解答上，而該放在找出解答的正確路徑上。錯誤以及錯的起點應該要被接受，並在教育或學習的時刻被拿來使用。一個正確的捷思法常是對於錯誤或是錯誤起點的反應。

問題表徵的重要性

當面對一個題目時，是否能選擇正確策略或工具來找到解，左右於我們如何呈現或理解問題空間。思考一下以下這個具洞察力的問題：

有一名住在小鎮上的男人，與該鎮二十名女性舉辦過結婚儀式（married）。所有女性都還活著，他也從未曾與任何一名女性離婚（divorced）。然而，這名男子的婚姻從未違背法律。這種情況可能發生嗎？

這題的解答是：這男人是名牧師，所以不曾違反法律。要得到這個解，你必須要正確呈現問題中的已知項目。我們當中大多數人認為結婚／getting married 是被動式，所以會說人們「結婚了／get married」；而這題的關鍵在於要以主動式來理解「主持婚禮／married」和「離婚／divorce」，這是某人主動「為他人」做的事。在這個例子中可以看到，單單想用捷思法來解決這個問題沒有幫助。你必須要重新構架問題空間，創造

對題目的新理解。

有一個關於呈現重要性的傑出範例，來自於偉大的德國數學家卡爾‧斐德烈克‧高斯（Carl Friedrich Gauss，1777-1855）[7]的知名傳說。高斯出生於德國布倫瑞克，從非常小的時候開始就展現出巨大的數學天分。有故事流傳說他在三歲時就能幫忙他爸爸處理生意戶頭。讀小學時，他觀察到一個能讓他避免枯燥運算的方法，讓他的老師十分驚豔。高斯的老師要求全班同學將 1 到 100 的所有數字加總起來。想必老師的目的是要讓學生忙一段時間，好讓他能處理別的事情。不幸的是（對那位老師而言），高斯很快就觀察到解題的捷徑。高斯理解，與其一一將數字依序相加起來（$1+2+3+\cdots+98+99+100$），若將第一個數字和最後一個數字相加起來，即 $1+100=101$，第二個數字和倒數第二個數字加起來，即 $2+99=101$，第三個數字與倒數第三個數字加起來，即 $3+98=101$，就可看出更有效率的方式是以這方式依序相加，得到五十組總和為 101 的數字。因此，老師要求的數字總和就是 $50\times101=5050$。

當高斯的同學還在埋頭苦算時，使用今日被稱為登山法的策略，一步步往目標狀態前進時，解決每一個生出的新子目標，以減低初始狀態及目標狀態當中的差異時，

7　原注：下列著作是其中一個記錄這個傳奇的作品：Wertheimer, M. (1945/1982). *Productive Thinking.* Chicago, IL: University of Chicago Press.

$$10＋5＝15\cdots$$

$$6＋4＝10$$

$$3＋3＝6$$

$$1＋2＝3$$

　　高斯卻將問題表徵取而代之變為五十組數字的問題，每一組數字的和是 101，因此他得到了 5050 的最終解。

　　基本上，高斯在解題時進行了重新分組，也就是依據題目對數列重新進行了組織，企圖捕捉到數列總和及其結構之間的內部關係。因此，數個元素擔負起新的意義，而新的意義是功能性地由目標來決定。當奧匈帝國心理學家麥克斯・魏泰默（Max Wertheimer，1880-1943）要求不同年齡的兒童「在不使用麻煩低效的加法」下，解同一類型的題目（將從 1 到 10 的數字相加）時，他發現很少有人能比得上年輕的高斯。然而，他確實發現，最終有一些兒童能想出近似高斯的優雅解題法。在某些例子中，兒童開始體會到這問題可被表徵為一個（n ＋ 1）的系列，接著這個系列可被成對看待，分成（$\frac{n}{2}$）組；有些年紀較大的兒童開始理解到，這些數字可被視為功能上相關的上升系列和下降系列。有些兒童先將上升系列寫下來，接著在下方寫下下降系列，這能讓他們看出上升系列與下降系列配對時的和都是一樣的。雖然與高斯的解法相比，這解法沒那麼優雅，魏泰默卻將它用來證明，高斯的解並不只是天才偶然的靈機一動，而是理解到問題結構的功能性關係之結果；也就是說，看

到了題目呈現的方式。

　　用來說明問題表徵有多重要的最後一個戲劇性說明，是在易位構詞問題中找出解答的小型研究，[8] 這項研究在大學生解這些易位構詞問題時（將單字的字母打散）進行計時。舉例來說：

kmli　　*graus*　　*teews*　　*recma*　　*foefce*　　*ikrdn*

　　部分學生看到的是字母以不規律狀態排列的字謎問題，並對其解題時間進行計時（解題的中位數時間是 12.2 秒，但不是上列題目。他們的答案是：*milk, sugar, sweet, cream, coffee, drink*）。其他人則看見圍繞一個特定主題的相關單字被打亂後的字母串，且該主題在清單一開始就浮現了。換言之，就是 *café*（也就是學生腦子裡想著咖啡店之後，再回頭將打亂的單字拼回）。當主題呈現後，學生們解題的時間只用了將近一半（解題中位數時間是 7.4 秒）。呈現主題或是將這類易位構詞想成是一類有意義的分類，確實影響我們如何看待這些元素，當你在拼出與咖啡店相關的單字時，字母會自然浮現在你面前（*milk, sugar, sweet, cream, coffee, drink*）。

　　面對一個問題時，我們總忍不住使用先前經驗作為找到解

8　Safren, M. A. (1962). Associations, set, and the solution to word prob¬lems. *Journal of Experimental Psychology*, 64, 40–45.

答的可能指引。但先前的經驗不只能幫助我們，有時候也可能會阻礙我們。具備相關心理定勢，可以讓我們做好準備、快速使用先前的解法；但也可能會讓我們變得盲目，而無法看到這個新問題的特點，甚至於明顯的解答。差異在於，我們該如何鑑於過往經驗來呈現問題。如同先前所提到的，理解 marriage（主持婚禮）這個單字的主動式意思，讓我們理解到一個男人可以如何在不違法的情況下主持好幾場婚禮；又或者是，除了將問題視為是一系列的個別問題，我們還可以將之視為上升序列和下降序列之間的關係；又或者，除了猜測一堆混亂字母的字義之外，可以用一個組織性的概念來看待這些字母。這些都會在解題上帶來極大不同。我們如何呈現問題，會影響我們如何看待問題的元素及細節，因此也影響我們如何尋求解答。我們要如何想出不同方式來呈現不同種類的問題呢？

其中一個方式且幾乎是人人都同意的方式，就是經歷無數種類型的問題及解題策略，然後練習它們。要成為一個優秀的解題者，你必須花很多時間解決不同類型的問題。我們會期待這類解題經驗的全部技能，能在我們一面臨問題時就展現出來，最終能解答問題。在大多數的情況下，這類練習的次數夠多，長程目標就會更容易企及；也就是說，我們在遇到要解新問題的情況時，會自然而然地使用同樣的解題策略。這種學習轉移（反覆法）在解題策略以各種不同方法（如數學題、字謎，以及實際生活情境題）引入時，最能被理解。

要獲得解題策略至少有三種方式：我們可以談論它們、可

以觀察他人使用它們,又或者可以自己發現它們。[9] 透過觀察他人使用,或是藉由被教導(涉及社交學習的面向)[10] 來學習解題策略,同樣也很有效;然而,最好的方式通常是教導加上觀察他人。已有許多證明顯示,提供有用範例是發展解題技巧最有效的教學方式,也有更多正式解釋有助於說明何時範例會遮蓋住策略。舉例來說,當兒童先看見 $3 \times 2 + 5 = 6 + 5 = 11$ 這問題,接著再看見 $4 + 6 \times 2 = ?$ 的問題時;他們通常會回答出不正確的答案 20(錯誤地將 4 和 6 相加,再乘以 2)。但透過指導卻能讓他們注意到,他們應該要在任何一個算式中先進行乘法運算(還有除法運算)。

自己探索解題策略,是習得這種策略的首選方式。透過探索而習得策略,能讓你更理解這個策略的功能。此外,也幫助你將這個策略轉移到其他問題的情況中。不過,自己探索策略可能很複雜,因為這類發現不總是很明顯;它們可能耗時,也可能會讓人感到沮喪;而教育環境不總是有利於自我探索。首先,可能也是最重要的一點在於,我們必須要對解題有正確的態度。

---

9   原注:Levine, M. (1994). *Effective Problem Solving*. Upper Saddle River, NJ: Prentice-Hall.
10   原注:Akin, E. (1996). Logic of errors. In A. S. Posamentier and W. Schultz (eds.), *The Art of Problem Solving: A Resource for Mathematics Teachers*. Thousand Oaks, CA: Corwin Press.

動機

　　動機上的差異總是特別明顯。[11] 在任何一堂課上，你可能會讓學生做下面這種簡單的密碼算術問題，然後看到兩種常見反應。

　　試著用數字取代字母，讓以下數學算式成為正確的算式：

$$
\begin{array}{r}
A\,D \\
+\,D\,I \\
\hline
D\,I\,D
\end{array}
$$

　　有些學生會拿出紙筆，寫下每一個字母。另一些學生會快速瞥一眼題目，接著說「我不是很擅長這個（或是數學）」或是「我對這種事沒興趣」之類的話。第一組人會花時間在題目上，最終得出解答：

$$
\begin{array}{r}
9\,1 \\
+\,1\,0 \\
\hline
1\,0\,1
\end{array}
$$

　　後面那組人不想處理問題。這個差異雖然明顯被簡化，卻指出了在動機態度上的重要不同。那些不想解題的學生，可能

11　Hartman, H. (1996). Cooperative approaches to mathematical problem solving. In A. S. Posamentier and W. Schultz (eds.), *The Art of Problem Solving: A Resource for Mathematics Teachers*. Thousand Oaks, CA: Corwin Press.

反應了過去失敗的歷史或是某種被人評價的焦慮感，因此閃避了問題情境。他們甚至不願試一試。他們並不是敗在解題上；他們甚至沒花時間面對這道題目。那些願意面對問題的學生，則不受失敗或被人評價所威脅，對於犯錯有更大的耐受力。在第四章中，我們將更深入討論焦慮及動機，特別是管理焦慮並增加動機，以成為更佳解題者的技巧。挫折容忍度也是解題的一個重要部分。舉例來說，挫折容忍度低會影響人的堅持力。因此，探索解題策略的先決條件是對解題擁有正面態度，讓你能無畏地面對問題。解題不該被視為一項用於評估的測驗，而該被看成用來教導或學習在保持冷靜情況下找到解決方式的方法。

　　另一個探索解題策略的先決條件，是改變我們對於完成解題時間的態度。通常，我們認為一個優秀的解題者或說一個聰明人，一定能很快就能找到答案。但速度只有在我們已建立起一套策略的全面技能時才會出現；高斯之所以可以快速地找到解，可能是因為他已經具備一套關於系列數字的獨特思考方式。然而，在我們一開始遇到一個特定類型的問題時，我們需要時間對問題空間進行探索；我們需要時間嘗試某些策略、進行試錯，然後再嘗試其他方式。換句話說，我們需要以非競爭且不造成挫折的方式，來處理解題策略的探索。如果讓學生合作找出問題解答，而不是讓他們彼此競爭，我們就能在學校層面達到這個目標。與其他學生合作有其他數個優點，像是鼓勵彼此用口語說明自己的思考過程，或是能考慮到一個問題的不同面

向。學生應該就解題過程本身得到讚美,而非只在得出解時才得到讚美。

此外,我們全都有過經驗,在處理一個問題時,先是感到卡住受挫,但把問題擱置一段時間之後,再回來時往往能看到新的方法。有時解題策略在一段時間的*醞釀*之後會浮現出來。你在解一個問題,但似乎陷入死胡同。結果你放棄了,把心思轉移到其他事情上。然而一段時間之後,當你在想著一件截然不同的事情時,你先前處理的這個問題的解答就從你的想法中跳出。有個例子是,有個人在半夜兩點從熟睡中醒過來,他/她的腦中浮現了解答。科學史上有許多這樣找到解題策略的例子。*醞釀*之所以有用,有數個理由。思緒遠離這個問題的這段時間,可能讓我們的想法接觸到面對這個問題的新線索以及新觀點;或是*醞釀*本身能單純消除疲倦;又可能是*醞釀*能幫助我們打破一開始看見問題時的初始固著想法,讓我們對問題有更具生產力的重新架構。但究其根本,*醞釀*移除了競爭優勢以及快速得到正解很重要的這個想法。

簡而言之,在談論我們如何呈現問題空間以及習得解決問題策略時,並沒有簡單的答案。習得策略最快速且最有效的方式,是透過模仿及直接指導。然而,以這種方式習得策略,通常在視野及應用上都受到限制。自己探索出策略是最佳的學習方式,因為這能確保對該策略動能有更佳的理解,也能延伸應用的範圍。然而,透過探索來學習策略可能曠日廢時,也不保證就能探索出策略,也可能還是需要獲得一些指導。

結論

在這一章中，我們嘗試以不同種類的策略為主題來理解解題，而非聚焦在任一類型的問題上。我們希望你對自己的解題策略有更深入的瞭解，並知道未來可以嘗試的新方式。解題不過是一種尋找，無論問題的內容或範圍，無論是數學、字謎或真實生活皆然。不幸的是，當面對一個問題時，與其尋找解法，我們往往會期待解答能立刻出現在我們面前。找出解法需要在問題空間中尋找，亦即比較問題初始狀態與目標之間的距離。在《如何解題》一書中，喬治・波亞將解題的大方向列出如下：理解問題、計畫解法、執行計畫以及檢查答案。如果你是一個較不靈光的解題者，你可能會跳過第一步驟，立刻就去找問題的解法。比較不擅長的解題的人通常會使用試錯法，將第一個浮現在腦中的解法拿去嘗試。而更擅長解題的人以及專家們，則會花上好一段時間發展出一套對問題空間的完整理解，亦即比較問題的初始狀態與目標狀態。

解題策略是我們穿越問題空間的道路。沒有一個策略，或說沒有一組策略，能對所有問題都有效。演算法或捷思法是可能應用的兩種策略。我們使用的策略，是我們如何呈現或理解問題空間的結果。然而，有些策略很常被使用，已經過透徹的研究。方法—目標捷思法可能是我們最常使用的策略。該策略的核心建立在子目標或子流程的行動上。沒有一種方式能輕鬆習得解題策略，無論是模仿、教導和探索都有效，但每種方式

都有其限制。然而,在習得解題策略上有一個每個人都同意的關鍵因素,就是經驗不同類型的題目是必須的。要成為一個優秀的解題者,就要盡可能去多解一些不同類型的題目。這種經驗讓我們能搜集關於不同問題的大量資訊,並幫助我們看出題目的模式。想當然爾,對於解題情況保持開放,在克服動機上及情緒上的解題阻礙是有需要的。

第三章
判斷、推理和決定

　　思考活動有許多形式。一開始，人們通常會根據經驗進行判斷——判斷人的個性、決定在哪裡用晚餐，或是即將到來的假期時天氣會如何？我們可以信賴這些判斷嗎？我們究竟如何從過去的經驗中學習，又學得多好呢？接著，一旦我們形成判斷之後，我們就會採取另一個步驟，並依據我們新信念的內涵而思考。最後，我們每一天都依據我們對於過去經驗的信念做出無數決定。我們要如何越過從經驗中取得的資訊？許多決定很瑣碎，像是要喝湯還是吃沙拉？其他決定則可能以重要方式改變我們的人生，像是去哪裡上學、是不是要結婚等等。在這一章中，我們會討論形成*判斷*、從我們信念進行*推理*，以及做出決定的心理面向。

捷思法

　　我們在第二章中已經學到捷思法，這個概念值得我們再看

一次。經驗是偉大的老師，所以我們對一名醫生基於她多年經驗所做出的判斷，或是一名修車工基於他多年來修車經驗所提出的建議有相當大的信心。但實際上，我們可以從經驗當中學習到的東西是受到限制的。有時，從過往經驗得到的資訊並不完整或不明確。有時，我們的經驗記憶是有選擇性的，甚至被扭曲過。這些考慮如何影響我們做判斷，或是如何影響我們根據所見、所聽或所讀的做出結論的能力？

　　舉例來說，假設你想判斷學校的生物課程難度有多高。毫無疑問地，你會自問：「我的朋友在這堂課的表現如何？有多少人得到好成績，又有多少人表現不佳？」在此，我們思考的是頻率。*頻率預估*在做判斷時很重要。然而，你很可能並沒有持續關注你朋友的成績，又或者就算你曾注意，也只能想起幾個有修這門課的人。我們大多數人會求助於*屬性替代策略*，透過易於取得的資訊取代我們正在尋求的資訊。在這個案例中，你可能會在記憶裡快速掃描找到一個相關案例。如果你能想到有兩三個朋友得到了好成績，你就會做出這是普遍狀況的結論，因而推論這門課的挑戰性不大。如果你想不太出有人在這門課得到好成績，或是你想到的人得到的成績都不太好，你就會導出相反的結論。在這個策略下，你是根據*可取得性*來做判斷，也就是根據你有多輕鬆或多快速能想到的相關例子。崔維斯基和卡賀曼稱這為*可取得性捷思法*。[1]如同前面所提到的，一般來

1　原注：Tversky, A. & Kahaneman, D. (1973). Availability: A heuristic for judging

說捷思法是會導致正確判斷的有效策略。透過可取得性捷思法，能輕鬆獲得可運用的屬性，而我們所仰賴的這個屬性與我們的目標有關，所以可用來代替目標。事實上，頻繁出現的事件或物件在記憶中更容易取得，於是你通常可以仰賴可取得性作為一種頻率指數。然而，這種捷思策略仍有可能會導致錯誤。讓我們舉一個心理學文獻為例，問問你自己：「字典中以字母 R 開頭的單字（像 rock, rabbit）比較多，還是拼字由左算起第三位為 R 的單字（像 tarp, bare, throw）比較多？」大多數人會回答，以字母 R 開頭的單字比較多，但事實上相反。為什麼我們當中有這麼多人會想錯？答案就在於可取得性。如果你在記憶當中搜尋以 R 開頭的單字，你會想到很多；但要搜尋到拼字由左算起第三位為 R 的單字，可就沒那麼多了。之所以偏好以 R 開頭的單字，是因為我們記憶組織的方式大致上與字典類似，會將有同樣起始字母發音的單字分成同組記憶。因此，要在記憶中以一個單字的起始字母發音來尋找較容易；要尋找拼字由左算起第三位為 R 的單字則困難得多。因此，這種記憶組織的方式會創造出某些記憶較易取得的偏見，而這種偏見可能會造成頻率判斷上的錯誤。

雖然這個實驗本身不是非常有趣，卻確實說明了我們在判斷時常犯的錯誤。人們總是會高估鮮少發生的事件。這可能就是人們願意購買樂透彩的原因，因為他們會高估得獎的機率。

frequency and probability. *Cognitive Psychology*, 5, 207–232.

醫生通常會高估罕見疾病發生的可能性，也因此無法做出其他更合適的診斷。這為何會發生？因為我們很少去思考那些常見的事件（「喔，看那台飛機飛在天上耶。」相反地，我們更會去注意到罕見事件，特別是會引起情緒的罕見事件（「喔，我的天呀，那台飛機墜落了！」） 因此，罕見事件有可能會被牢固在記憶中，也因此這些記憶更容易被我們想起。接著，我們會高估這些特殊事件，隨之也高估了相似事件在未來發生的機率。

有項關於可取得性捷思法的優秀研究，要求參與者回想他們生命中帶著自信參與的事件。[2] 研究要求半數參與者回想六起這樣的事件；同時要求另外半數參與者回想十二起類似事件。接著，研究者詢問所有參與者一些普遍性的問題，當中包括要求參與者評估整體而言他們覺得自己有多自信。使用這種可取得性捷思法，參與者能輕鬆想出六起事件；相反地，被要求想出十二起事件的參與者，在生出這份較長名單時則有困難。與可取得性捷思法的功能一致，那些能輕鬆回想較少事件的參與者會自我評斷得更有自信。諷刺的是，那些在回憶起較多事件而遇到困難的參與者，回報了自己較不自信。這半數的參與者有較多自我肯定的證據，但其實證據數量並不重要；相反地，重要的是回憶這些事件時的難易度。那些被要求想起十二起事

2　原注：Schwarz, N., Bless, H., Strack, F., Klump, G., Ritternauer-Schatka, H. & Simon, A. (1991). Ease of retrieval as information: Another look at the availability heuristic. *Journal of Personality & Social Psychology*, 61, 195–202.

件的參與者，在進行這項任務時遇到了困難，因為他們被要求想出更多例子。但參與者們似乎並不瞭解這點。他們只對「要想出這些例子很難」這件事做出回應；結果是，透過這種可取得性捷思法得出他們過去相對不自信的結論。

而最後一個例子，是想像你得投票表決政府該花多少錢在研究計畫上，而所有計畫的目標都是拯救生命。很明顯地，我們應該選擇把資源花在會造成更高死亡率的計畫上。依此邏輯，我們該多花一些錢在預防胃癌造成的死亡，還是汽車死亡事故呢？我們該多花錢在預防殺人，還是糖尿病上？確實有更多人認為，汽車事故及殺人事件更常發生，因此需要更多經費；然而正好相反，事實上因胃癌及糖尿病造成的死亡更常見。在此，我們要感謝媒體效應。雖然胃癌及糖尿病更常造成死亡，但它們得到的報導篇幅較少。雖然車禍死亡及遭殺害死亡實際上較少發生，卻因為會被媒體報導而看起來更常發生。而這影響了我們的判斷。

如同你所見的，可取得性捷思法有時會帶來幫助，但有時也會欺騙我們的大腦，讓我們相信錯誤的資訊。所以，我們該如何確保以相對而言最好的方式來使用可取得性捷思法，特別是解題的時候呢？不幸的是，要判斷某個信念的形成是否基於證據、還是單純基於我們接觸到的資訊，是非常不容易的。然而，在實務上保持懷疑並持續接受相關議題的新知是個好的開始。在第五章，我們會討論一種幫助你保持客觀的策略，它能幫助你做出立即的判斷，在其他方法都行不通時，讓你能透過自己進行研究、決定事件的實際發生頻率，而不是靠著人云亦

云。要提醒自己，媒體（包括社交媒體）往往會更關注不常見的事件，以致當我們看到這許多罕見事件時，會相信它們比實際狀況更為普遍。

另一個瞭解我們該如何做出判斷的方式，是透過我們對*代表性捷思法*的使用。[3] 試想你在應徵一份工作。你期望雇主會全面考慮你的過去經驗及資歷，但實際上雇主可能會仰賴更有效率的策略，而這個策略需要另一類型的屬性替代。雇主可能會在瞥一眼你的履歷後自問，你與他之前聘用過表現良好的員工相比，有多相似？你與另一個他很滿意的員工長得像或有類似的舉止嗎？如果有，你很可能會得到這份工作。在這個例子中，雇主基於相似度做出了概率判斷。與可取得性捷思法類似，這個策略很有效率，能導出正確的結論。然而，與可取得性捷思法一樣，這個策略也可能會讓你迷途。代表性捷思法根植於某個類型的所有成員都長得很像，並做出以下假設：所有鳥都有翅膀和羽毛，都能飛；所有辦公室都有辦公桌、椅子和電腦。因此，我們利用相似性來判斷誰或什麼屬於同一類，得出「*看起來一樣的就是一樣*」的結論。雖然這種推理常常會導出正確判斷，但並不總是正確，也可能會導致錯誤。

舉例來說，試想一下賭徒謬誤。如果我們丟六次銅板，六次都是正面朝上，我們當中便會有許多人認為，下一次丟銅板會是

3　原注：Tversky, A. & Kahaneman, D. (1974). Judgment under uncertainty: Heuristics and biases. *Science*, 185, 1124–1131.

反面朝上，因為「該輪到它了」，或認為硬幣被動了手腳。當然這並不正確。硬幣沒有記憶，它不可能知道它上一次反面朝上是什麼時候。所以每一次投擲硬幣的機率都獨立於之前的狀況。前幾次的投擲不可能會影響到下一次。丟第七次銅板的機率是0.50，與丟第一次銅板時一模一樣。然而，為什麼會發生這種極為常見的判斷呢？我們都知道，丟一個沒被動過手腳的銅板，正面朝上或反面朝上的機率各是 50–50；因此，我們認定一次投擲會發生的事，也會發生在一連串的投擲上。我們錯誤地認為丟一次銅板就代表了一連串所有的投擲。但這並不是真的；有些投擲序列會有 75% 的正面朝上；有些只有 5% 正面朝上。只有我們將各序列投擲加在一起成為多次之後，機率才會接近 50–50。

代表性捷思法也可以使用在當我們遇到「有個我認識的人……」這種論述的情況。舉例來說，想像一下你計畫買一台特定型號的車子，假定是 Bomo 好了，因為這款車在各消費者雜誌上都有很好的評價。你向一個朋友提起你的計畫，他驚訝地回答你：「你一定是瘋了。我認識一個人買了台 Bomo，結果才交車一個月變速器就壞了。然後交流發電機壞了。後來連煞車也壞了。買 Bomo 是個錯誤。」在這個例子中，你的朋友在利用「有個我認識的人……」論述來說服你。雖然消費者報導雜誌中測試了許多車款進行評比，你的朋友卻使用這個「有個我認識的人」買了 Bomo 的例子，說服你不要買這種車款。你的朋友似乎相信，這單一案例就足以代表整個車型或是車款。這種「有個我認識的人……」論述相當常見，也非常具說服力。

研究顯示，比起大量的數據範例，人們的判斷常被一個代表性案例給說服。

雖然聽起來無論如何都該避免使用代表性捷思法，它實際上卻有適應性的目的。與可取得性捷思法類似，有時它能幫助我們做決定（我們有理由做出「本能」反應！）。然而，重要的是，要在決定時保持中立、自己做研究（見第五章）。光是注意到我們的大腦可以用哪些方式欺騙我們，就能幫助我們基於證據而非基於猜測或假想來做出更明智的決定。

共變

在做判斷時，我們通常會使用捷思法或是心智捷徑，這一點也不令人驚訝。然而，當我們在做重要且影響深遠的判斷時，使用這些捷徑就有點令人感到不安了。代表性捷思法通常會在關於氣候變遷的論述中出現；舉例來說，常有人使用特定季節的天氣，來否定近幾個世代以來的氣候變遷。另外，也有人用個別案例來支持疫苗與自閉症之間的相關性。基本上，捷思法牽涉到將共變考慮進去。簡而言之，我們可以定義共變為：當兩個事件或屬性往往出現在同樣地點或時間；無論何時只要 Y 出現，X 也出現在同樣地點，那 X 就與 Y 共變；而如果 X 不在，那麼 Y 通常也不在。舉例來說，運動與耐力兩者共變。對我們來說，只要有人做了第一件事，往往第二件也會出現。擁有很多 CD 與去聽演唱會兩者共變。通常關於共變的判斷，是企圖

去理解因果關係。此外，所有因果關係必定存在共變，這也是真的。但我們必須小心，並不是所有共變都能保證因果關係。共變有強有弱，運動與耐力之間的共變很強。擁有很多 CD 和聽演唱會之間的共變較弱，因為有許多人買了很多 CD 卻不去聽演唱會。此外，雖然辨認出正面共變相對容易，但是當兩種屬性及事件同時存在，要辨認出負面共變就沒有那麼容易了。雖然運動和耐力兩者正面共變（兩者同時存在），但運動和體脂肪負面共變（大量運動與低體脂肪有關）。

因此，我們通常把共變想成是依因果關係做出判斷。雖然共變對於因果關係來說是必須的，但它並不足以建立因果關係。我們在利用共變做出因果相關的結論時必須要小心。教育會導致更高薪的工作嗎？早餐吃得好會讓你一整天感覺更好嗎？關節開始疼痛是否顯示天氣要變壞了？共變可強可弱；它們亦可正面可負面。此外，雖然共變必定存在於任何因果關係當中，但並非所有共變都暗示著因果關係。有許多例子是虛幻的共變——兩起事件或屬性共同存在並暗示了因果關係，但事實並非如此。[4]

來自共變的因果關係幻覺很容易被記錄下來。許多人相信手寫文字與個性之間的關係，但沒有研究證實這類關係。同樣地，許多人相信他們只要注意關節痛，就能預測天氣，但這也

4　原注：Nisbitt, R. & Ross, L. (1980). *Human Inference: The Strategies and Shortcomings of Social Judgment*. Englewood Cliffs, NJ: Prentice-Hall.

沒有根據。這些幻覺並非糟糕或愚蠢的想法。我們當中有這些想法的人相信，我們曾有的共變經驗支持了這些信念。那麼，是什麼造成了共變的幻覺？

其中一個解釋是我們考慮或處理過去經驗作為信念證據的方式。在大多數例子中，我們似乎僅考慮到證據的子集；也正是這個子集，讓我們對過去經驗的判斷造成了偏見。這個偏見雖然本質上有其道理，但也保證會產生錯誤。特別是在判斷共變時，我們對於證據的選擇受到*確認偏誤*的引導；也就是說，我們會有一種傾向，對於能夠證明我們信念的證據更積極地回應，而有忽略那些挑戰或推翻我們信念證據。這個認知偏見以許多形式出現。首先，在評估一個信念或判斷時，我們更可能去注意到證實這個信念的證據，而非抵觸該信念的證據。比起那些抵觸信念的證據，我們對於能夠證實我們信念的證據往往記得更清楚。當我們遇到能提供證實的證據時，我們會僅憑表象就信以為真；而抵觸信念的證據則通常會被重新詮釋及扭曲。當與信念相抵觸的證據存在時，我們通常無法使用它們來調整我們的信念。此外，最終我們無法考慮用其他假說來解釋我們的信念及我們的第一印象。

確認偏誤的經典範例是讓受試者看一系列數字，像是「2, 4, 6」。[5] 受試者得知這一系列數字符合某個特定規則，而他們

5　原注：Wason, P. (1968). Reasoning about a rule. *Quarterly Journal of Experimental Psychology*, 20, 271–281.

的任務就是找出這條規則。受試者能提出他們自己的數列（例如「8, 10, 12」）來測試他們的發現，實驗者則會予以適當回應（「沒錯，這個數列有遵照這條規則」或是「不，它並沒有遵照規則」）。接著，一旦參與者認為已確定這條規定為何後，他們便宣布自己的發現。這條規則事實上相當簡單：任何三個依序變大的數字。因此「1, 2, 3」是正確的；「31, 32, 33」是正確的；「6, 4, 2」不正確；而「10, 10, 10」也不正確。儘管這條規則如此簡單，參與者卻很難發現這條規則，總要花上許多分鐘才能完成任務，原因在於他們被要求用來評估的資訊類型。在某種壓倒性的程度上，他們試圖去證明自己提出的規則是對的；對於是否抵觸規則的認證相對要求較少；另外，該被注意到的一點是，尋找與規則違背認證的少數人在找尋規則上更為成功。在這項研究當中，確認偏誤似乎存在得很明顯，也會干擾了參與者的表現。

當我們確實遭遇抵觸或尋求抵觸時，通常會重新詮釋，這樣我們就不用更改或重新調整信念了。當問到投注職業足球的賭徒選擇投注隊伍的策略以及自己的輸贏紀錄時，會發現他們全都有選擇贏家的「極佳」策略，而他們對於自己策略的信心就算在一連串賭輸後仍不減少。為什麼會這樣呢？那些賭徒並不會把賭輸的情況視為「賭輸」。相反地，他們會把這些情況記成倒楣的時刻或是怪事發生。「我是對的，我的隊本來會贏的，要不是跑鋒竟然莫名其妙受傷就好了。」「我選擇這隊是正確的，誰知道開球後球彈得那麼古怪。」贏得賭注被記成「勝

利」，但輸掉賭注會被記成「差點就贏了」。這些賭徒儘管看見了相反的證據，仍舊會維持他們的信念。這個傾向被稱為*信念堅持*。

　　檢視一下下方的表格。這個 2×2 矩陣總結了某項研究中的數據，而數字代表每一組的病人數。具體來看，有兩百名病人接受治療並獲得好轉，七十五人接受治療但沒有好轉。五十人沒接受治療但好轉，十五人沒接受治療亦無好轉。

	改善	未改善
治療	200	75
未治療	50	15

　　當被問到治療的有效性時，該研究的大多數人都認為治療是有效的，部分人則認為該治療本質上是有效的。然而事實上，這個表格的數據顯示了治療完全無效。為了理解原因何在，你必須注意到控制組（未接受治療組）的結果。在控制組中，我們看見六十五名病人中有五十人，或說 76.9%，在沒有接受治療的情況下獲得了改善。相反地，在二百七十五名病人當中有兩百名，或說 72.7%，在接受治療後得到了改善。因此，未接受治療組的好轉率實際上反而更大。我們為何會輕易地犯下這個錯誤？在觀看這個表格時，我們忽略了未接受治療的控制組，該組呈現了與信念抵觸的證據；相反地，我們專注於治療／好轉組的較大數字，這個數字引誘我們當中許多人在治療無效的情況下仍證實治療有效。

推理

　　確認偏誤本質上是不合邏輯的。賭徒應該要想：「如果我的賭博策略很棒，我下一次下注一定會贏。我下注，我輸了。那麼，我的策略就不夠好。」相反地，落入賭徒謬誤的賭徒會想：「如果我的賭博策略很棒，我下一次下注一定會贏。我下注，我輸了。但我的策略還是很好。」歷史上，人類被吹噓成「理性動物」，能夠進行邏輯推理；然而，心理學家長久以來就知道，我們人類會被錯誤給欺騙。檢驗我們如何解出最簡單邏輯問題（直言三段論推理）問題的研究，總是回報說有高達 70-90% 的錯誤率。我們在邏輯推理時遇到的大多數困難，都與我們的信念以及我們用於表達問題的語言有關——先前的信念往往模擬兩可，而進行推理時抽象的語言可能會扭曲邏輯形式。以下是幾個我們常犯的典型錯誤：

　　肯定後件（相反情況／ converse）

(1) 若 A 真，則 B 真。

(2) B 真。

(3) 因此，A 真。

(1) 如果我抓住的東西是青蛙，那它是綠色的。

(2) 該東西是綠色的。

(3) 因此，該東西是隻青蛙。

　　否定前件（反向／ inverse）

(1) 若 A 真，則 B 真。	(1) 若我抓住的東西是青蛙，那它是綠色的。
(2) A 不真。	(2) 我抓住的東西不是一隻青蛙。
(3) 因此，B 不真。	(3) 因此，該東西不是綠色的。

我們通常會做出這些邏輯論述正確的總結，但並非如此。左邊的範例以抽象形式呈現，相當困難。而右邊是同樣的論述以具體範例呈現，較容易看出它們在邏輯上不正確之處。從肯定因果關係來看：如果我抓住的東西是一隻青蛙，那它是綠色的；我抓住的東西是綠色的；因此，它是一隻青蛙；這與事實並不吻合，因為我抓住的可能是一顆青椒。同樣地，若從否定這個因果關係來看：如果我抓著的東西是一隻青蛙，那麼它是綠色的；這個東西不是一隻青蛙；因此，它不是綠色的；這樣的推論邏輯上也說不通。同樣地，它可能是顆青椒或是萵苣。在這兩個例子中，在邏輯上結論並不吻合兩個先前論述。

有許多研究檢驗了我們對*條件陳述*進行推理的能力：在「若*x 則 y*」的形式下，前一個陳述提供第二個陳述保證為真的條件。[6] 這種類型的推理，是進行特定觀察及導出結論的基礎。然而，此處的典型錯誤率也高達 80% 或 90%。另外，*信念偏見*也扮演了一角：人們如果剛好相信某個結論為真，他們就會贊同

6　原注：Wason, P. & Johnson-Laird, P. (1972). *Psychology of Reasoning: Structure and Content*. Cambridge, MA: Harvard University Press.

這個結論，即使該結論並不吻合已知前提亦然。相反地，如果人們剛好認為一個結論為偽，他們就會否認這個結論，儘管該結論在邏輯上符合前提。條件推理的研究方式有時是直接讓人們對陳述進行評估，但最常使用的是現今知名的*華生選擇任務*，因為該任務很好地展示了為什麼我們在進行這類推理時會遇到問題。在這類任務中，你會看見四張卡片，每張卡片的其中一面寫著一個數字，另一面則寫著一個字母。任務是要評估以下規則是否為真：「若一張卡片的其中一面寫著一個母音，那麼它的背後就會是一個偶數」。為了要證明這個測驗的規則，需要將哪（幾張）卡片翻開呢？

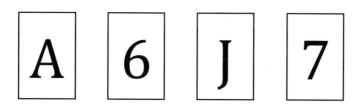

在原始研究中，有 33% 的參與者翻開 A 卡片來檢查背後是否為偶數。另有 46% 的參與者同時翻開了 A 卡片及 6 卡片。只有 4% 的人做了正確選擇，翻開 A 卡片及 7 卡片。A 卡片必須被翻開：這是因為如果背後是偶數，就證明了這條規則；如果背後是奇數，就證明了該規則不成立。該規則沒提到子音，所以我們在 J 卡片背面發現什麼都無所謂。至於 6 卡片，規則也沒提到，因此其背面可以是母音也可以是子音。最後，7 卡片

必須要被翻開：如果其背面是母音，那證明了規則不成立；如果背面是子音，那規則就得到了證明。

大多數人能正確地翻開 A 卡片來證明規則。但有不少人也翻開了 6 卡片——企圖證明隨之而來的結果。規則並沒有針對偶數卡的反面應該是什麼做出規定。此外，只有少數（4%）的人企圖透過翻開 7 卡片來挑戰或證明規則不成立：如果背面是母音，那麼規則就不成立；但若是子音，那麼規則就有效。這個發現說明了我們傾向去尋找能證實所想的資訊，以及我們在挑戰或尋找證明不成立時的困難。

這個選擇任務有個有趣的變異，顯示了我們在處理抽象的條件推理時所遇到的一些困難。[7] 參與者看到四張卡片，被要求測試以下規則：「如果一個人在喝啤酒，那個人必定至少滿 21 歲」。

相對於面對問題標準版本（A 6 J 7）時的慘澹表現，人們在這個版本問題上的表現好得多。總共有 73% 的人正確翻開了

7　原注：Griggs, R. & Cox, J. R. (1982). The elusive thematic materials effect in Wason's selection task. *British Journal of Psychology*, 73, 407–420.

標有「喝啤酒」的卡片來證實規則，他們也同時翻開了標有「16歲」的卡片來挑戰規則。他們並未選擇標有「喝可樂」的卡片，因為任何人都能喝可樂；此外，他們也沒有選擇標有「22歲」的卡片，因為這年齡的人可以喝可樂或是啤酒。（因此，你如何思考以及你的思考能力有多好，似乎全賴於你在思考什麼。）問題的標準版本以及這個修正過的版本有同樣的邏輯架構，但造成非常不同的結果。在「喝酒」這個劇本下，大大地促進人們看見這個邏輯架構。

確認偏誤會對日常生活造成問題；舉例來說，若對他人做出不正確的假設，也就會傾向去尋找這些假設。許多人先有了「那人不喜歡我！」的想法，然後就會只看見支持這個想法的資訊。當這種情況發生時可能會造成不便。而在科學研究及司法系統等領域中，許多人的命運懸在其他人手中，此時確認偏誤就會是個嚴重的問題。科學社群普遍存在一個問題，那就是通常出版的文章都有「統計學上來看很重要」的結果，而那些結果「不重要」的未出版文章則顯示了相反的證據；這些文章通常會被忽略，讓我們相信已有許多研究「證明」特定藥物或治療的成效，卻選擇性地忽略了顯示它們沒有結果的研究。此外，偵探和檢察官也可能會鎖定一個犯罪嫌犯，而無法注意到其他可能指向另一個嫌犯的證據或是對目前嫌犯有利的證據。你可以看到這會造成多大的問題。那麼，我們該如何補救呢？

如同先前已多次提到的，重要的是在看到一項資訊時保持

懷疑，永遠不要忘記矛盾資訊的重要性。光是一則矛盾資訊就能證明理論不成立，而儘管許多證實性資訊可作為證據，但它們其實永遠無法真正證明任何事。讓我們用一個簡單例子來說明：如果你被要求檢視「世上所有石頭都是灰色的」這個陳述，你可以找到一萬顆灰色石頭作為證據來支持這句話。然而，我們都知道石頭有多種顏色，你只需找到一塊其他顏色的石頭，就能證明這段陳述不成立。

決定

我們的生活中充滿了或大或小的選擇，無論是選擇下學期要修的課、在選舉中支持哪名候選人，還是是否要結婚。在這些情況中，許多時候我們並沒有奢侈的機會來進行更多觀察，或是進行實驗來評估可能的結果，我們必須在有限的資訊和不清晰的概念下做出選擇，決定哪個能讓我們更接近目標。傳統上，我們的決定會用效用來解釋。[8] 根據*效用理論*，做決定時，我們會就選擇的潛在成本（這個選擇讓我們遠離目標的程度）以及*利益*（這個選擇讓我們靠近目標的程度）來做出選擇。在做決定時，你會權衡花費及利益，尋找能讓前者最小化而讓後者最大化的路徑。當你有數個選擇時，你會選擇能提供花費及

---

8   von Neuman, & Morgenstern, O. (1947). *The Theory of Games and Economic Behavior*. Princeton, NJ: Princeton University Press.

利益最佳平衡的那個選項。

　　當然，這沒有聽起來那麼容易。讓我們假設你正在找一個溫暖的度假地點，而你在考慮圖桑或邁阿密。圖桑的氣候比較好，但到邁阿密的航班比較便宜。為了做出決定，你需要權衡好天氣帶來的樂趣以及節省班機費用的樂趣。這種對比上很難比較。要做出選擇，你需要依照你的*主觀效用*來評估各個因素；也就是說，問問自己各個因素對你來說有多重要。要做出選擇，你需要計算好天氣的效用減去花更多錢在機票上的「反效用」或花費。除了主觀效用之外，我們還需要把不確定性放進去考慮：圖桑的天氣並非一直那麼好，而邁阿密的天氣通常都很不錯。

　　試想一個簡單的例子：你在選下學期的課。其中一門課看似有趣但作業量較重。首先，你必須預估修這門有趣課程相對於耗費繁重課業量的主觀效用。接著，你必須預估這門課有趣的機率及課業量繁重的機率；假設這門課很有趣的機率是70%，但有 90% 的機率課業量很重。這樣一來，這堂課的整體效用會是（0.70 × 一堂有趣課程的利益）減去（0.90 × 繁重課業量的耗費）。接著，你會為其他課程進行類似計算，選擇出一門整體效用最高的課。

　　這個做決定的方法非常理性。在 20 世紀，特別在經濟學家之間一直都相當流行。然而，如同本章討論的捷思法及偏見所展示的，心理學家注意到通常的情況是，我們的選擇被理性決定程序以外的因素所影響。我們現在將討論讓我們做決定時產

生偏見的另一個面向：*框架*。

框架

在做決定時，我們全都被與效用一點關係都沒有的因素大力地影響。要找到這個情況的例子相對容易。下面的題目是用於建立框架效應的經典範例：[9]

問題 1

想像美國正在為一種不尋常疾病的爆發做準備，預計會有 600 人因此疾病而喪命。有兩種對抗疾病的方案被提出，且必須擇一來使用。假設下面是方案使用結果的實際科學預估：

如果採用計畫 A，能拯救 200 人。

如果採用計畫 B，有三分之一的機率能拯救 600 人，但有三分之二的機率會一個人都無法拯救。

在這個情況下，大多數參與者（72%）選擇了計畫 A，選擇確定能獲得的利益而非賭上一把。現在把問題重新描述如下：

9　原注：Tversky, A. & Kahneman, D. (1987). Rational choice and the framing of decisions. In R. Hogarth and M. Reder (eds.), *Rational Choice: The Contrast Between Economics and Psychology*. Chicago, IL: University of Chicago Press.

問題 2

想像美國正在為一種不尋常疾病的爆發做準備，預計
會有 600 人因此疾病而喪命。有兩種對抗疾病的方案
被提出，必須擇一來使用。假設下面是方案使用結果
的實際科學預估：

如果採用計畫 A，有 400 人會死亡。

如果採用計畫 B，有三分之一的機率沒有人會死，但
有三分之二的機率會有 600 人死亡。

現在參與者中大多都會選擇計畫 B，偏好賭上一把而非確
定的利益。當然此處的謎團在於，這兩個問題在客觀上來看是
一模一樣的：600 人中有 200 人獲救，等於 600 人中有 400 人
死亡。然而，改變問題的描述方式，或是它被框架的方式。這
兩個問題都沒有正確答案，每一種決定都有自己獲得辯護的理
由。問題在於，在某一種脈絡下偏好選擇計畫 A，而另一種脈
絡下偏好計畫 B 的這個矛盾。這種框架如此強大，以致任何一
個人在稍微不同的情況下，都會因為這兩種不同的框架而產生
自我矛盾。另一個沒那麼嚴峻的例子呈現如下：

問題 1

假設你期待比你今日財富再多 300 美金。下面兩個選
擇你必須擇一：

(A) 確實獲得 100 美金。

(B) 有 50% 的機會得到 200 美金，另有 50% 的機率一
毛都得不到。

問題 2

假設你期待要比你今日財富再多 500 美金。下面兩個
選擇你必須擇一：

(A) 確實損失 100 美金。

(B) 有 50% 的機率一毛都不會損失，有 50% 的機率會
損失 200 美金。

在思考第一個問題時，幾乎四分之三的參與者（72%）選
擇了選項 (A)，即確實獲得 100 美金。在思考第二個問題時，大
多數參與者（64%）選擇了選項 (B)，即選擇賭一把。這兩個問
題是相同的，兩者都提問你是選擇確定有 400 美元在手上，還
是選擇機率相等地以 300 美元或 500 美元作終。儘管兩者根本
上是一樣的問題，但我們往往會以非常不同的方式思考，在其
中一個例子中偏好確切的事物，而在另一個例子中偏向賭上一
把。

從這些例子中浮現的模式是，若題目呈現選項的框架是以
損失的形態出現，做選擇者往往會*尋求風險*，亦即偏好賭上一
把，以此期待避免損失或減少損失。這種偏好在當人們考慮到
較大損失時特別強烈。相反地，如果題目呈現選項的框架以獲
得的形態來展現，做選擇者往往會*規避風險*，也就是拒絕賭上

一把，而選擇握緊他們已有的東西。

　　這些範例展現了*選項*被框架的方式如何改變決定。同樣的效應在改變*問題*如何被框架的情況下也能被發現：該不該判監護權給某人呢？我們也會被證據如何被框架所影響。舉例來說，人們更可能會支持有 50% 成功率的療法，而非有 50% 失敗率的療法。這種效應從效用理論的觀點來看並無道理。框架不該影響對這些選項的預期效用。然而，不同的框架方式卻戲劇性地改變了我們做出的選擇。

　　若要避免被問題陳述的方式所欺騙，記著要把自己的情緒從等式中移除。問問你自己「這到底在說什麼？」在這些例子中，以更為通俗的詞語將所問的東西寫下來會有所幫助。如果我們在檢視賭博問題時確實這樣做了，我們就會看到我們是在兩個同樣的選項中選擇（400 美金 vs. 同樣機率下 300 美金或 500 美金）。

情緒

　　由於做出決定的過程是如此脆弱，我們的決定大大受到我們情緒的影響這件事就一點也不令人意外了。舉例來說，當受到後悔的情緒影響時，人們往往會做出不同的決定。人們有強烈的動機想避免後悔，只要有可能，他們會選擇讓之後後悔率最小的選擇。同樣地，許多決定都與風險有關，對風險的評估影響了我們所做出的決定。特別是，在想到核災或是嘗試實驗

性新藥時的副作用時，我們會自問我們對這種經驗有多害怕。另外，在考慮一個決定時，回想到類似事件可能會引起身體反應，也就是*軀體標記*，也會引導我們的決策制定。在這樣的例子中，我們仰賴我們的「直覺」來評估選項，這讓我們會傾向於選擇與正面感受相關的選項，而避開那些會引起負面感受的選項。

　　除了回憶過去的情緒事件之外，預測未來的情緒反應也會阻礙我們做出好的決定判斷。另外，我們有多擅長於預測我們的感受？研究顯示，我們在這件事的表現上出奇地差。我們往往會高估我們後來對錯誤感到後悔的程度。人們對於「後悔迴避」的重視，比本來應有的程度來得高。當被要求預測諸如與情人分手、得知自己身患重症、無法升職，或是考試考差了這類事件的感受時，人們往往會高估他們可能會有的後悔程度。似乎我們確信，現在讓我們感到煩惱的事物，在未來一樣會讓我們感到煩惱。我們往往會低估我們的適應力。

　　雖然我們在生活中都想要選擇，但我們在做決定時容易犯下錯誤。事實上，有太多選擇也會讓我們不開心，這被稱為選擇悖論。這種困難源自於必須使用那些讓我們向操縱及自我矛盾開放的策略。我們的決定並非直接受到我們所面對選項之效用所決定。選項被框架的方式，對我們所做的決定有重大影響。此外，情感預測偏誤也證實了人們通常會選擇能避免後悔的步驟，但實際上他們並不會覺得後悔。辨認出這些限制，能幫助我們做出更好的決定。

小結與結論

　　在檢視過形成評價、推理及做決定時的一些困難之後，有些作者會做出結論，認為人類在預測上並不理性。然而，我們被認為是理性的動物，內置了能進行理性思考的獨特設計。有許多心理學的思考面向已預見我們會偏離理性，並產生錯誤。在形成評價時，我們無法總是利用我們豐富的經驗來做出正確判斷。我們仰賴代替歸因，所以我們會利用捷思法來預估經驗的頻率。我們常用來預估我們經驗頻率的兩個常見捷思法，是可取得性捷思法以及代表性捷思法。我們利用可取得性捷思法預估一次發生或歸因的頻率，看看我們能夠想到哪些例子。而我們在使用代表性捷思法時，會利用單一案例作為預估一整類別事件的基礎。這兩種捷思法常常會導致正確判斷，但也可能會導致錯誤判斷。這類錯誤的根源涉及我們對於共變及因果關係的誤解，這與造成並非因果關係的幻覺有關。這些錯誤可以被解釋成一種我們如何檢驗證據的偏見。我們往往會尋求能證實我們信念的證據，而很難去尋找挑戰我們信念的證據。這種確認偏誤也是我們推理中的一個錯誤原因。一般來說，我們對於邏輯推理頗不擅長，而推理中的錯誤並非總是疏忽所致。它們往往來自於我們想要證明並維持我們相信為真的事物，並漠視挑戰我們信念證據的傾向。

第四章
不感興趣與焦慮
vs. 動機與信心

　　如前所述，有許多心理因素會影響一個人有效且有效率地解題的能力。在前言中列出來的大多數因素（像是集中的專注力與計畫）牽涉到複合的心智歷程；你可能已經擁有這許多心智元素，卻仍在解題上遇到困難。你可能會想，還有什麼因素在阻礙你？這就是何以我們現在要討論的原因——在阻礙我們解題能力上有一個重要的因素，那就是焦慮。

何謂焦慮？

　　你可能對於焦慮這個詞很熟悉，那是涵蓋擔心及緊張感受的複雜感受，通常伴隨著諸如肌肉緊張、呼吸和心跳加速以及慌張的生理症狀。在某些例子中，我們能適應這些焦慮，比如說不知道能上哪所大學的焦慮，通常有助於激勵學生努力讀書取得好成績。另外，對於陌生人的恐懼，通常能阻止兒童與不

認識的大人說話，讓他們避開可能危險的情況。然而，也有許多時候，焦慮讓我們對一點也不危險的情況感到恐懼。在這些案例中，焦慮會造成人們產生負面信念並導致人們選擇迴避。舉例來說，如果有人對於公開演講感到焦慮，卻在工作場合或學校中被要求進行演說，他或她可能會對這次演講產生了負面想法。這人可能會想：「如果我犯了錯或忘詞了，那該怎麼辦」、「我聽起來可能很蠢」或是「我不知道我能不能做到」。他或她可能會汗流不止或暈眩，可能心跳加速或換氣過度。這人可能會有衝動打電話請病假或是請他人進行簡報。這些狀況都是出於焦慮，而這人若在像是算數學（被稱為*數學焦慮*）及解決日常生活問題的狀況下感到焦慮，這些症狀通常也會出現。

許多人與數學焦慮搏鬥，而影響了他們在這一科的表現。雖然數學焦慮根源於不理解眼前的素材，卻也因為人們想要「擅長數學」所承受的巨大壓力而生。如果「擅長數學」會讓一個人變聰明，那麼反過來數學不好就暗示了我不夠聰明。這會帶來很大的壓力！有數學焦慮的人通常會在面對數學題時感到驚慌，這讓他們的心跳及呼吸加速，讓有效率、能解出題目的思考被焦慮的想法給取代了。他們可能會認為「我做不到」、「我做得超差」、「這對我來說太多了」或是「我永遠都不會懂」。由於這樣多焦慮的想法不斷冒出來，難怪有數學焦慮的人在解題上會遇到困難！他們通常無法專心在問題上，往往得仰賴他人提供一步接一步的指示。

有數學焦慮的人往往會不惜一切代價避開數學。兒童及青

少年可能會逃學，大學生可能會避免選修數學課，而成人則可能會請朋友在餐廳「算出分攤的金額」，或是在工作時請同事協助完成基本計算。這些想避開數學的企圖在當下能讓焦慮降低；然而它們只是權宜之計，無法長期幫助一個人處理他或她的焦慮。此外，避開數學可能會讓人錯過學習解題必備的相關技巧，減少個人對概念的理解，隨之*增加*個人對數學的焦慮。雖然你可能會認為避開數學能減低你的焦慮，但這麼做長期下來卻可能增加你的焦慮。避開數學的權宜之計幾乎總是會產生反效果。

　　簡單提醒大家：不要被那些自認對數學不擅長的人給欺騙了。如前所述，焦慮的一個關鍵元素就是迴避。如果一個人使用「對數學不擅長」作為永遠不需做這件事的藉口，他或她既避開了失敗，也因此避開向他人及自己證明他或她已經失敗的狀況。雖然像這樣的陳述可能只是拿自己開玩笑，但背後通常也有想要迴避數學的重要因素。

　　採取行動來減少焦慮，並以信心來取代焦慮，這對成為一個更好的解題者來說十分重要。若你本身想透過信心來取代數學焦慮，本書提供的策略將更容易為你所用。然而，你可能會對自己說：要變得自信，那可是說的比做的容易。那麼，本章會讓你知道，減少焦慮的基本策略能幫助你增加對自己的信心，也會幫助你減少不舒服的焦慮感及身體感受。準備好你自己；如同在本章其餘部分看見的，克服焦慮最好的方式就是面對你的恐懼。準備好「赴湯蹈火」了嗎？等結束這一段路到另一端

時，想必你會對自己的能力更有信心！

在這一小節，我們會教你對於解數學題目以及解決日常問題更有信心的策略。信心並不只是「這個我做得到」的態度，而是由某些因素所組成，包括：理解問題目標及變因、以客觀開放的心態處理問題，以及感覺準備充足並感覺自己能處理問題。或許，信心最大的指標是一個人面對失敗的能力，因為失敗通常是不可避免的。本章會著重在如何讓你自己準備好、感覺自己能解決問題並處理失敗。我們的希望是，在你讀完這本書後，你能具備所有能增進你解題能力的工具。

讓我們看一下以下這個問題，它乍看之下有些嚇人，但透過找出模式的策略，這個問題變得相對容易。這種讓人大開眼界的事件確實有助於建立信心。以下問題是要你找出前二十個奇數的總和。

透過檢視問題，你會發現第二十個奇數是 39。因此，我們希望找出 $1+3+5+7+\cdots+33+35+37+39$。你的第一個反應可能是從1到39確實將它們一一相加。然而，這個方法既累人又耗時，還有無數個出錯的機會。

如同在前面章節所提到的，當你的解題經驗增加時，你解題的信心也會增加。破解這道題目的一個方法是依循稍早提到的高斯法，也就是將二十個奇數按 1, 3, 5, 7, 9, …, 33, 35, 37, 39 這樣列出。現在，注意到第一個數字和第二十個數字的總和是 $39+1=40$，第二個數字和第十九個數字的和也是 40（37＋3），以此類推。接著，只需要判斷要將幾個 40 相加；既然我

們考慮的是二十個數字，所以會有十組，我們接著以 $10 \times 40 =$ 400 得出了答案。經驗這個意想不到的技巧，會讓你增加更多自信。

我們可以透過另一種模式來檢視這個問題，自然所使用的方法也不同：

加數	加數的數量	和
1	1	1
1+3	2	4
1+3+5	3	9
1+3+5+7	4	16
1+3+5+7+9	5	25
1+3+5+7+9+11	6	36

這個表格明白顯示出，前 n 個奇數的總和是 n^2。因此，我們問題的答案就是單純的 $20^2 = 400$。解題的替代方式能讓你未來的解題功力大大提升。

再舉一個例子。以下問題看起來令人困惑，難以解答。此處重點在於釐清困惑，用合理的方式來表達。

如果 A 蘋果值 D 美元，同樣價錢的 B 蘋果值多少美分？

處理這個問題的方式可以有好幾種。最常見的狀況是，選擇用數字來取代字母，然後試著重新代入字母來找出答案。不過，這很容易讓人會造成混淆，然後不幸地帶來不正確的答案。

有些人可能會先尋找單位成本，然後從這點出發。同樣地，這也可能帶來混淆。

作為基本規則，類似問題的最佳解方是以某種有意義的形式來組織數據。此處，我們會利用到比例及一些常識。比例的取得，可透過設定每一分數當中同樣測量單位的數量而得出：

$$\frac{A}{B} = \frac{A \ 蘋果的價格}{B \ 蘋果的價格} = \frac{100D}{x}$$

要注意，最後一個分數是透過常識得出的。因為這問題要求的答案是以美分而非美元來表示，這樣一來，當我們算出 x 之後，我們就找出答案了。剩下的只有簡單的計算：

$$\frac{A}{B} = \frac{100D}{x} \qquad x = \frac{100BD}{A}$$

雖然經歷過這類題目，有助於我們更快速地想出這個簡單解法，但缺乏自信卻會阻礙我們停下來思考該如何以全新方式來框架問題，還可能以「繞遠路的方式」來解決問題。因為我們欺騙自己的大腦，把這些問題想得比實際上更困難。因此，我們需要瞭解如何增加信心，好讓這些問題不會經常發生。

發展你的興趣

信心始於對一個主題感興趣。儘管有些人認為直接且自信

地跳進一個新主題並不困難（這類人很可能沒有對失敗的恐懼，這個主題稍後會提到），但許多人需要某種程度的專門知識才會對自己的能力產生信心。透過閱讀本書，你已經踏出發展你興趣的第一步！

想一想生命中那些讓你感興趣的事物，像是某些嗜好、活動或主題。你生命中的優先事項及興趣，很可能伴隨著某種目的及意義。你每天慢跑，可能是因為考量到跟健康相關的優點。又可能你很享受編織，是因為你可以把這些自製品送給你的愛人。你可能是歷史狂、喜歡閱讀古書來學習與過去相關的事物，是因為你相信「歷史會重覆」。每個人都在自己認為具有意義的活動中展現出興趣。

當我們覺得某件事「無聊」，部分原因是因為我們沒看見任何附屬於它的意義或目的。我們可能嘗試過這件事，但沒有得到我們想要的結果。如果你的問題是後者，那麼希望本書能協助你建立成為強大解題者的基礎，這樣一來，你便可以有效率且準確地去解決數學及日常生活問題。如果你在與前者奮鬥，請繼續讀下去，這能幫助你找到數學以及解決問題的意義。

要改善我們的數學及解題技巧，重點在於先去理解在生活中擴大自己技能的重要性及目的。如前言所提到的，解決問題這件事滲透在我們生活的每個領域當中。想想你的日常活動及你每天面對的問題，對你來說，你生活中的哪個問題是最難解決的？如果你對自己解決這些問題的能力具有信心，這樣不是很好嗎？列一張清單，詳載若能擴展你的解決問題能力，將會

如何影響你的生活？這會有所幫助。下列範例清單可供你參考。當中有幾點可能可以應用在你身上。

增加我的解決問題技巧會如何影響我的生活？

· 我能更快速也更準確地解決問題，這能夠節省我的時間。

· 解決工作中遇到的問題會更有效率也更準確，這能增加我的生產力以及／或升職。

· 我會更有自信。

· 我會更不依賴他人的幫助。

· 我會更獨立。

· 當我無法立即知道答案時，我能更有自信地面對問題。

寫完清單後，試著想像自己作為一個更有效且更有效率解題者的生活。試想這對你的生活帶來的正面影響。透過記錄出現在你生命中的問題以及你能解出它的輕鬆程度，來激勵自己改進你的解題能力。這能幫助你訂下目標或截止期限，來設定自己想要何時完成技能提升。一旦你的目標設定好了，就是起而行的時候了！

採取主動步驟來發展興趣，其中一個方式是去觀看其他人解決問題的方法。你可以閱讀解題相關的書籍（像本書）、觀看線上影片，以及與在這個領域經驗豐富的人聊聊。不同的人在概念上各有觀點，並以不同困難度來分享它們。接觸到的解題策略越多，會讓人對於所聽見及所使用的相關詞彙，以及對

於自己獨自解題的能力信心大增。

　　最後，發展興趣的最佳方式，是要讓這件事變得有趣。想出一些能讓你覺得解題很有趣的方法。下面有個你可能會遇到的情況。假設你在籌辦一場籃球錦標賽，但只借到了一個體育館。讓我們假定將有二十五支隊伍在單淘汰賽中一較高下，只要輸一場就會失去晉級資格。現在問題是，要得出冠軍隊伍，得要進行幾場比賽？典型的模擬方式是首先十二支隊伍對上另十二支隊伍，然後在第一輪淘汰掉十二支隊伍。接著進行第二輪比賽，讓這個程序持續進行，如此將每一輪的比賽數加總起來，最後決定得到冠軍隊伍共需要幾場比賽。圖 4.1 就是一張計算比賽場數直至得出贏家的示範流程圖。

　　雖然這個方式很管用，但若從另一個角度來檢視這個題目則會容易許多。讓我們試想在二十五支隊伍中要得出一個冠軍隊伍需要多少輸家？很明顯地，需要二十四支輸家。嗯，二十四支輸家表示需要二十四場比賽。你的答案出來了。你可以看到，有時候從這個角度來檢視問題，既能有所回報又能節省時間。

　　將數學及解題方法應用到你有興趣的領域上看看。每個興趣或活動在某個時刻都有必須解決的問題。在體育活動上，使用不同角度及速度踢球或丟球，可能會更有效益；團體運動通常會面臨該如何有效率地傳球或是從敵隊手中截球的問題。在工藝及室內設計領域，精準的測量與組織技巧通常至關重要。當你可以把解決問題的能力運用到你所珍愛的領域時，解題就

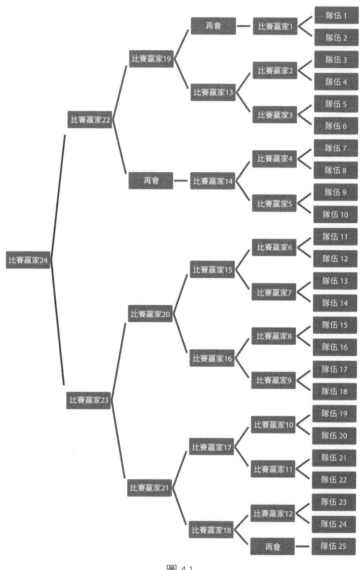

圖 4.1

會變得更愉快有趣。

　　舉例來說，如果你想在一大片白牆上掛上裱框照片，如此來重新裝潢你的住家，可能會遇到以下問題：你不確定牆面有多大，而你有幾張大小不同的照片要印出來送去裱框。讓你更焦慮的是，五天後你就要舉辦一場生日派對，你想向你的家人朋友展示那些照片。然而，你目前只完成選擇照片這一步。這些照片都還沒印出來，你也還沒買相框。你不確定要怎樣在時限內完成這項計畫，甚至不確定自己是否有完成這個計畫的技巧。

　　有些面對問題就會驚慌失措的人，可能會傾向於避開這個問題，決定先忘記這個計畫，或乾脆花大錢請室內設計師來完成這項計畫。光是想到該如何解決這個問題，就可能讓某些人心跳加速或感到緊張。讓我們先從該如何處理這些焦慮的生理症狀開始討論起。

生理症狀

　　你可能發現了，一旦進入一個有迫切壓力得去解決重要問題、或是有時間限制的情況時，你就會感覺到焦慮干擾了你完成任務的能力。如果這真的發生了，你可以使用一些策略，來減輕焦慮造成的包括燥熱、流汗、心跳及呼吸加快及肌肉緊張等生理症狀。

　　減低心率並中和過熱感受的策略當中，有一項是在自己臉

上潑點冷水或是貼上冷敷貼；這麼做會讓你的身體為之一振，能更清楚地思考；如果你感覺躁熱，這也能讓你降溫。當你處於驚慌失措的情況中時，就是使用這個策略的最佳時機。如果你必須面對的問題是個危機或牽涉到時間限制，你此時必然非常驚慌。當然，這個策略並不總是可行，特別是當你無法取得冷水或冷敷貼，或是你處在團體當中更是如此。此外，我們還應該留意，冰水可能會讓一個人的心跳急遽降低，所以要評估這個策略是否適用於你，這部分要特別小心。當你有所懷疑時，務必詢問醫師。

另一個能以轉化性方法來減低你的心跳及呼吸的策略，是一個被稱為定速呼吸的技巧。這包括計算你每次呼吸時吸氣和呼氣時間的長度，並試圖將吸呼氣時間盡可能地延長（在不讓自己太不舒服的情況下）。一個練習定速呼吸的常見方式是吸氣四秒、呼氣六秒。呼氣比吸氣長是理想狀態，能幫助降低心率。這個策略在解決問題當下或是在考試時最容易使用，因為這不引人注目，不容易被人注意到。

最後一個減緩焦慮的生理症狀，特別是肌肉緊張的技巧，稱作漸進式的肌肉放鬆（PMR）。PMR 要你縮緊及放鬆身體各處的不同肌群，通常要依照一個系統進行。練習 PMR 能減少壓力以及焦慮，也能增加你對整個身體緊張感的覺察。這個策略可以作為日常儀式來進行，在早晨或睡前，或是在感覺到身體緊張時操作。雖然在危機或是接受測驗的情況下使用 PMR 滿不實際的，但 PMR 能幫助你減少身體的緊張程度，讓你進

入一個更平靜、更放鬆的狀態。

回到解決居家裝潢的問題上，你可以運用一些策略，從減緩可能會有的生理症狀開始。

· 首先，去浴室或廚房裡潑些冷水在自己臉上。這能夠提振你的精神，降低你的心率，對抗燥熱或流汗的感受。
· 做幾次深呼吸。在你吸氣時數到 4，呼氣時數到 6。這樣呼吸一分鐘。
· 接著，試著放鬆你的肌肉。放鬆你的肩部、手臂、腿部及臉部肌肉。
· 持續慢慢呼吸，直到你感受到你的心跳回復到正常狀態。

有些人可能會爭辯說：「這怎麼算是解決問題的策略？這並沒有幫助我解決實際問題啊！」事實是，焦慮的生理症狀通常會阻礙解決問題之路，透過放鬆和定速呼吸等策略來減少焦慮，能幫助你的思考更清晰，做出更準確而有效的解決方案。

認知策略

在處理焦慮的生理症狀後，可以使用一些認知策略來進一步減少你的焦慮。當你對解決某個問題感到焦慮時，問問自己下面這些問題：

- 「在這個情況下會發生最糟的事是什麼？」
- 「會發生最好的事是什麼？」
- 「最有可能發生的事是什麼？」

　　試想最糟情況發生的可能性。通常，我們相信最糟情況發生的機率比實際上要大得多。此外，如果最糟的情況確實發生了，我們通常會高估其惡果！只要花上幾分鐘來檢驗每一種結果的機率，並更仰賴現實而非焦慮來進行預測，就能大大降低焦慮。當我們的生理症狀壓過一切時，要清晰思考就變得更困難（而我們的預測也會變得不準確），所以在使用這些認知策略之前，不要忘記使用上個小節所列出的策略。

　　接著，思考解決問題程序，並為如何處理當前問題、以及如果策略不成功又該如何處理，分別做出計畫。我們在檢視問題時通常會只看到負面結果的壓倒性可能，這往往造成我們卻步或是轉向。在面對數學題時也是一樣。我們在看到正在思考的問題很困難後就轉向了。在這兩種情況中，將問題切割成能處理的步驟會有幫助。此外，將好的結果視覺化也能降低你的壓力。想像情況進行順利能讓你更有信心繼續下去，並有助於防止焦慮太過而干擾了計畫的執行。如果你的策略不成功，想像你以一個有效方式處理失敗。問問你自己：「要進行哪些改變，才能增加成功的機率？」

　　不幸的是，失敗是解決問題當中不可或缺的元素。每個人多少都會失敗；然而，那些有數學焦慮的人生活在對失敗的持

續恐懼當中。失敗的哪些元素讓我們難以面對呢？這個問題的答案因人而異。對某些人來說，失敗連結到尷尬或是被人嘲笑。對另一些人來說，失敗打擊的是對於完美的渴望，以及無能或不願承認在某個領域不完美，並不能決定一個人的價值或是在其他領域的能力。對於失敗的恐懼也可能出於害怕投注的時間及力氣，最後全都付諸東流。而對其他人來說，可能還有其他原因。重要的是，要問問你自己，在談論失敗時，你真正害怕的是什麼？

一旦你更能理解自己對失敗的恐懼之後，就要對你定義下的失敗進行挑戰。在許多情況下，我們會對失敗的結果「小題大作」（例如，所有人會嘲笑我或認為我很笨；或是我們的所有時間都浪費掉了卻一無所成）。但事實是：失敗是生活中的正常部分，而且解決問題對於學習來說是必要的。棒球中的打擊率就是一個好例子。0.300 可能是絕佳的打擊率，甚至一些名人堂選手的平均打擊率都低於這個數字。然而，0.300 這數字代表的是打者在每十次打擊中只擊到三次球。這表示，打者失敗的次數比成功的次數還要多，但人們很少注意到這點。在你恐懼失敗時試著記住這個例子。透過重覆告訴自己「失敗是生活中的正常部分，可以想見它時不時就會發生」，來對抗害怕自己做某事不成功的想法。告訴自己，嘗試過後失敗，總比什麼也不嘗試要來得好。提醒你自己，沒有人喜歡失敗；然而這是不可避免的，也是解決問題時得要克服障礙的必經過程。你的目標該放在持續從錯誤中學習，這樣才能進步並把事情完成。

告訴自己這些正面宣言，以此挑戰自己的想法，這被稱為正面自我對話。在你著手解決問題之前，可使用正面自我對話，並在整個過程中鼓勵自己堅持下去。

讓我們把這些認知策略應用到我們的裝潢難題中，並用數學格式來檢視它們。先從自問可能的結果開始。

- **這個情況下會發生最糟的事是什麼？**

  我在測量牆壁時出了差錯，購買了錯的相框，結果讓牆面七零八落。

- **會發生的最佳情況是什麼？**

  我完成了所有工作，我的計算正確、也購買了正確的相框，完成了整個計畫，然後驕傲地展示給我的親友看。

- **最有可能發生的情況是什麼？**

  我在測量或是購買相框時可能犯錯，但我在派對舉辦之前會將大部分計畫完成。

接著，為解決問題擬出一個計畫。這會幫助問題被定義得更好。首先，在著手計畫之前，列出一張所需材料的清單。

所需材料

- 捲尺
- 鐵鎚
- 釘子

· 鉛筆與紙

· 相框

· 列印出的照片

· 能布置畫框的大塊區域（牆面大小）

練習，練習，練習

　　為了進一步發展你的興趣，你必須廣泛地練習。雖然解決數學問題以及日常問題會給人帶來焦慮，但克服焦慮的最佳方式就是面對你的恐懼。當你進行一項沒那麼容易的任務時，你要想辦法讓自己對於那些啟動焦慮的觸發物變得不敏感。有數學焦慮的人通常在無法解決問題時也會出現類似的恐懼。因此，用於幫助減低數學焦慮的策略，同樣也有助於解決問題。

　　我們都有天生擅長的技能；然而，試著想想那些要努力才能習得的技能，那可能是一個體育項目、一種外語或是一種樂器。起初，若沒有人持續給你指導或協助，你幾乎不可能自行完成。然而，隨著時間過去，你發展出自己在那個項目中的技能，最終能自己練習，感覺更有能力。

　　解決數學問題的技巧與解決日常問題的技巧，兩者以同樣方式發展。許多人認為數學天分是一種「天生能力」，因此假想自己永遠無法改進這個技能及解決問題能力。然而，雖然確實有人在數學上更具天分（就像人們擁有許多不同領域的天生能力），但數學能力並不總是那種要嘛自然擁有、要嘛一點也

沒有的那種能力！你永遠都有可能改進自己的數學或解決問題能力。然而，就如同習得其他技巧及能力一般，習得數學及解決問題的技巧，一開始也需要許多指示及引導。舉例來說，對許多兒童來說，學習乘法是項令人生畏的任務。他們通常需要一步一步的指示及重覆練習，但你現在不是已經可以既輕鬆又快速地進行乘法計算了嗎？要記住，其他數學題目以及解決問題的技巧，都是以類似方式建立而成的。它們一開始看起來似乎很困難，但透過練習，你就能取得相關能力。

　　練習解題的第一個方法，是從更多基本任務開始做起。如同第二章所提到的，最複雜且困難的任務可以被切割成許多更小、更簡單並且能輕鬆完成的任務。因此，在直接跳進重新裝潢的任務之前，我們可以進行的最小任務，就是列出一張必辦事務表。

任務

· 測量牆壁尺寸
· 根據牆壁尺寸以及要使用的照片張數，來決定要印多大幅的照片
· 印出照片
· 購買相框
· 購買（或搜集）榔頭、圖釘及捲尺
· 將所有照片放入相框中
· 將所有相框攤放在與牆壁尺寸大小一樣的空間中進行位置安排，直至達到想要的視覺效果

- 測量照片的間隔並記錄下來
- 將安排好的空間草圖拍下來或畫下來，以記住所有照片的位置
- 根據拍下或畫下的草圖以及記錄下的照片間隔，在牆面上標出所有照片的擺放位置
- 將所有相框掛上去

　　如你所能看見的，就連較簡單的任務也存在著程度不一的困難度。然而，一旦大型計畫被切割成較小且可管理的小型計畫，就變得沒那麼可怕，似乎更容易達成。你接著可能會製作一張時間表，好完成整個計畫。在這個例子中，讓我們假裝你偏好把照片送到店裡印出來，以確保紙張品質及畫質清晰度。你也已經有了槌頭、圖釘及捲尺。下面是時間線的範例。

派對時間線

週一	・準備好槌頭、圖釘及捲尺 ・測量牆面尺寸 ・決定照片大小 ・將照片電子檔送印
週二	・購買相框
週三	・去店裡拿照片 ・將照片放進相框中
週四	・把相框攤在開放空間中標出位置 ・測量並記錄照片的間隔，將整體安排拍攝下來
週五	・用鉛筆在牆上標出所有照片要懸掛的位置 ・掛上所有照片
週六	・派對日！享受你的成功！

讓我們從派對規劃計畫中稍稍休息一下，針對所有計畫都有測量面向進行討論。我們當前處理的這個問題看似與數學無關，而與組織力及計畫能力關係較大。然而，你是否好奇過一張照片的相框占據多少空間？探索這件事可能會讓你大開眼界，更重要的是，它會讓你對環繞著你的測量世界更加警覺。讓我們試想一個尺寸為 8 英寸 ×10 英寸的相框。相框合適的邊框是寬 $\frac{1}{2}$ 英寸，這樣才不會顯得突兀。讓我們檢視圖 4.2 所顯示的情況。

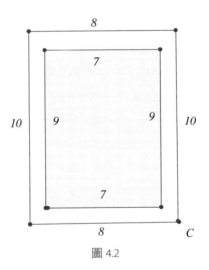

圖 4.2

　　整張相片連框是 80 平方英寸，而照片本身占了 63 平方英寸。因此，邊框面積是 80−63＝17 平方英寸，這剛好是 $\frac{17}{80}$ ＝ 0.2125＝21.25%，或超過一張紙的 $\frac{1}{5}$ 。此處的重點在於：要對環繞於你的數字世界保持警覺。在日常生活中有許多範例會激

起你的驚異感。我們的期望是，在你完成任務時順道注意到這種能讓你大開眼界的驚異，這會讓解題變得更有趣！

結論

最後，要建立起解決問題能力的信心，需要時間、耐心以及下苦功。如果你辨認出焦慮正在阻礙你面對數學及解決問題，最好的克服方式就是透過練習來解決許多不同類型的問題，如此與你的恐懼正面對決。讀一些你覺得有趣的書籍或觀看以有趣創意方式來說明解決問題的影片，以此找到讓數學及解題變得有趣的方式。要注意，那些能讓問題數字化的有趣方式，能讓你大開眼界、發現過去從未注意的事物。使用冷水、定速呼吸及漸進式肌肉放鬆等生理策略，幫助自己處理焦慮的生理症狀（像是心跳加速、呼吸急促等）；這些症狀通常只會讓情況更糟，並造成額外的擔憂及災難。

人們在經歷與數學和解決問題相關焦慮時，最大的障礙通常是該如何面對失敗。一些認知策略像是使用正向自我對話，以及接受失敗是解決問題的正常面向等，都能幫助你堅持下去。最後，將任務切割成更小、更簡單的部分，來把既嚇人又複雜的任務轉化成更能輕鬆完成的小目標吧。

第五章
分心及健忘 vs. 注意力集中及工作記憶

　　就算一個人天生就擅於解決問題，在出現讓人分心的事物時，或是忘記了解決問題所需的關鍵面向時，也可能會阻礙解題的有效性及效率。注意力不集中以及健忘，似乎是許多人經常會面對的問題。注意力不集中是無法將注意力持續一段時間，而健忘是忘記已經學過的資訊。

　　你是否注意過，有時你能專心很長一段時間，而在其他時候似乎只要一有什麼刺激就會讓你分心？又或者，你可能會好奇為什麼你能記住某些（有時並不重要的）細節，但在回想自己真正想記住的資訊時卻遭遇更多困難？雖然有些人的注意力天生就能持續很長一段時間並記住許多關鍵細節，但某些策略能讓人更能專注在問題上。在本章中，我們會檢視數個策略，來幫助你建立注意力集中的能力並增進你的短期記憶。

幫助集中注意力的策略

減少讓人分心的事物

我們可以輕易看出，若從具挑戰性的問題上分心，就會造成解題的延遲。當我們分心時，我們會跟不上我們已建立起的資訊，因此很難流暢地繼續這項任務。持續經驗到分心，可能會造成你需要重覆開始同一項任務，因為在回想問題目標、變量及已有的成果上，你都會遭遇困難。

一般常會造成人們分心的事物，有電視、有歌詞的音樂、手機、持續進來的電子郵件，以及其他人的存在。有些人回報，他們在背景有很多噪音的情況下工作狀況會更好；但研究顯示，通常在沒有造成分心因素的情況下，才會有更好的工作效果。本章後續將會對此進行更多細節討論。關掉電視及音樂吧，如果用不到電腦網路的話，在你埋頭進行某個專案時也關掉它。把你的手機放在另一個房間裡或者乾脆關機。停止與他人對話（當然是在他們與你要處理的問題無關的情況下）。一個常被忽略但會造成分心的因素是房間的溫度。如果你所在的房間太冷或太熱，你都可能會因為體溫的改變，或是身體上的不適而變得分心。

此外，一個任務越困難，所需耗費的腦力就越多，此時比起一般時刻，更需要將可能讓人從這項任務分心的干擾因素降到最低。回想一下你剛開始學開車時，這對大多數人來說都是相當具挑戰性的任務。許多人回報，在他們對開車駕輕就熟之前，他們

必須將車內音樂關到非常小聲，甚至關掉音樂，同時也不能與他人說話，這是因為他們需要集中精神在路況上，才能安全駕駛。

即使現在你已是一名經驗老道的駕駛，你可能還是會發現，自己在遇到像是在劇烈天氣下行駛、或是在迷路等不尋常行車狀況時，還是會把車內音樂關小或是暫停與他人的對話。在這些情況中，我們的大腦需要更多精力來解決這個迫切的問題。這表示，要將任何不必要的事物減少到最低或完全消除掉。

當然，這表示比起解決較困難的問題，若你解決的是比較容易的問題，你就不需要分配那麼多腦力在這項任務上。然而，也不要因此就認為解決較容易問題時，分心對於成果不會造成任何影響。當任務較容易時，效率及速度成了關鍵。分心會讓小任務變成大挑戰，並讓簡單的問題變成困難且拖上很久才能解出的問題。思考下面列問題，大多數人都覺得這些題目相對簡單，但你可以試試在分心的情況下（像是開著電視，其他人在房裡說話等情況），盡你所能快速地完成題目，並把你完成每組題目的時間記錄下來。

$$
\begin{array}{ccccc}
24 & 76 & 43 & 16 & 47 \\
\times\ 5 & -\ 9 & +\ 8 & \times\ 4 & -\ 8
\end{array}
$$

$$
\begin{array}{ccccc}
364 & 568 & 44 & 281 & 26 \\
\times\ 4 & +23 & -36 & \times\ 9 & +\ 3
\end{array}
$$

完成所需的時間：＿＿＿＿＿＿

接著，在沒有分心的情況下完成類似的一組問題。關掉你的手機及其他可能造成你分心的電子裝置。計時看看你花了多少時間完成問題。

72	72	36	41	97
× 4	− 7	+ 9	× 2	− 6

234	962	14	108	33
× 8	+15	− 1	× 6	+ 8

完成所需時間：＿＿＿＿＿＿

你可能會注意到，你花在解第二組問題上的時間較少。你甚至可能會在解第一組問題時犯下一些錯誤，就因為你沒有完全專注在任務上。這兩組問題都只有幾道問題，但若是你有更多題目要解的話又會怎樣呢？更多問題會導致更多的錯誤，以及花在上頭更久的時間。雖然閱讀本書的大多數人可能期待去學習如何處理冗長且具挑戰性的問題，但我們通常忽略了快速準確地解出更簡單問題的重要性。在現實生活中，我們每天面對許多簡單問題（再加上幾個具挑戰性的問題）。在大多數情況下，我們花在簡單任務上的時間多於實際所需，就因為我們並沒有專注在那項工作。接著，我們就因為分心而無法將這份工作做得完全或正確。減少分心，就算是問題很簡單的情況下也是如此，能增加我們的正確率及效率。

許多人聲稱，存在一些讓他們感到分心的事物，實際上能讓他們更加專心而非分心。舉例來說，人們邊工作邊聽音樂的情況相當普遍。有幾個理由可以說明，何以這似乎有助於工作效率而非造成分心。有可能是這種音樂能讓人情緒緩和，有助於減輕焦慮。如同第四章所討論的，焦慮通常會阻礙解題；因此，使用音樂作為減輕焦慮的方法可能有所幫助。然而，音樂也可能造成分心，特別當音樂中有歌詞或是歌詞十分琅琅上口時（「我愛這首歌！」）如果你覺得音樂有幫助，我們建議你選擇器樂音樂來聽。旋律會讓你冷靜下來，卻不會過度造成分心，同時也能讓你避開其他在你控制之外、令人分心的聲音（像是外頭施工的聲音，或是其他人製造的噪音）。

　　簡而言之，盡你可能地減少分心的狀況，無論你要完成的任務是大是小、或難或易皆然！如同在上面完成簡單數學題的活動中所顯示的，將分心事物降到最低，能幫助你更快速、更準確地完成任務。在下一段中，我們會展示在外界讓人分心的情況被降到最低後，該如何集中你的專注力。你可以試試以下兩個數學題，它們依然是簡單的題目，只是比之前單純的加法及減法問題再難了一些。在背景有令人分心的情況下解第一題，而解第二題時要避開這些令人分心的事物。

　　有支軍隊與敵軍軍隊的士兵人數比是每5人對敵方6人。在一場戰鬥中，第一支軍隊失去了40000名士兵，第二支軍隊失去了6000人。此時兩軍的士兵比是2:3。

請問，兩支軍隊在這場戰鬥後，分別剩下幾名士兵？

在走路上學的途中，查爾斯發現他每分鐘走 352 步。他每步的步長是 1.5 英尺。那麼，請問查爾斯每小時的時速為何？

練習正念：停止多工，一次專心做一件事

　　許多人都聽過正念，這是指將注意力一次放在一件事上，專注於當下此刻（不要把這跟冥想搞混，那是正念的一種特定形式）。為了有效地練習正念，首先要減少外在令人分心的事物（如同前一節所提），像是關掉電視機，或是把你的手機留在另一個房間裡，都會有所幫助。然而，有很多人認為，要集中注意力是件極困難的事，即使令人分心的事物減到最低後依然如此。這是因為思緒或情緒等內在分心，也會干擾我們集中注意力的能力，特別是需要專注於當下及手邊任務時，會更加覺得干擾。

　　你是否注意過當你在正在進行工作時，你會冒出「不知道今晚要吃什麼？」或「喔，我剛剛想到明天上班時要開的那場會。那一定很糟！」之類的想法。從這個想法出發，你可能會對即將可能發生的事情出現焦慮或期待的感受，在你回過神來之前，你可能已經花了十五分鐘詳盡計畫了晚餐內容或是你明天上班時要討論的特定議題，但你原本的計畫是要完成一份報

告或簡報！這是我們的思緒如何從當下分神的例子。

正因為如此，正念練習的關鍵就是要注意到你的注意力已經飄走了。如果你注意到自己因為外在刺激、或是當日稍早發生事件的想法、或是即將發生的事所分心，就要練習將你的注意力挪回你此刻的目標上。這個練習重覆將你的注意力拉回當下，是幫助一個人掌握正念的關鍵。一開始這看似非常困難，但隨著練習次數增加，這會變得更容易！你可以幫自己想出一個像是「好了，回到工作上」，或甚至簡單到如「專心！」之類可以重覆念誦的咒語，幫助自己把注意力重新拉回來。

除了努力減少外在讓人分心的事物、並將你的思緒導回你的目標上之外，另一件重要的事就是消除多工。通常的情況是，我們在短時間內不是只要完成一項任務而是多個任務，或是包含許多元素的複合任務。雖然許多人認為他們是專業的多工者，但真相是多工只會造成更多錯誤，讓人們進行任務時比起一次專注於一項任務（或一項任務中的一部分）進行得更為緩慢。

如果你的待辦事項清單上有很多事情要做，最有效率的方式是將這清單上的事項排序，一次處理一項。若企圖跳來跳去處理不同任務，你就會遇到分心的風險，讓你無法完成相較於一次完成一項任務能夠完成的份量。舉例來說，你某一天的待辦清單可能看起來如下：

今日待辦：
・做報告

- 洗衣服
- 洗碗
- 換貓砂

　　你可能會決定最有效率的方式是在花好幾個小時寫報告之前，先將一堆髒衣服丟進洗衣機。這樣一來，一旦你開始寫報告，就可以盡可能設定一段不受干擾的時間。當然，有時干擾是不可避免的。電話響了、意料之外的人來訪或是外頭在施工，這都會讓你很難專心。如同前面所述，試著在你開始工作前盡你所能地控制這些意外。找一個干擾很少的安靜房間；把你的電話放到另一個房間或是乾脆關機。

　　我們當中有許多人深受不可避免的干擾及引發分心的事物所害。我們可能在進行某項任務時，突然注意到房間的有個地方很髒，然後開始想：*喔，我要趕快掃一掃那裡*。又或者，我們想起當天要做的其他事，然後很快就把精神轉移到剛才想起的任務上。如果你在進行重要計畫時想起其他事，快速地把它筆記下來，而不要中斷你手上的工作馬上去處理（當然，除非那是一個緊急狀況）。分配一個固定時間，讓自己能好好處理一個特定問題。這有助於保持專注，因為你知道自己只有這段時間能工作。否則，你可能又會投入具生產力的拖延當中。這應該發生在當你完成一項重要且列在待辦清單上已有一段時間的工作後，而非在你已啟動一項更高順位的計畫之時。

　　同樣地，當你處理一項任務或解題時，要先專注於問題的

其中一個面向，再前進到下一個面向。每一次你把精力轉移到新任務時，你的大腦及身體就得花上一些時間來適應這種轉變。如果這情況經常發生，你最終會浪費許多時間。舉例來說，在製作一項包含多個部分的報告（如過去的銷售紀錄、商業成長的新契機，以及改善未來銷售的方式）時，記得要一次處理一個部分、而不要跳著處理。不要從過去的銷售紀錄突然跳到未來銷售展望，然後在重新開始處理過去銷售紀錄前又跳去處理商業機會。依照順序進行，給你自己一個目標，規定自己在轉換到另一個領域之前要完成多少份量。同樣地，如果你在處理家務並專注於打掃上，不要一個房間還沒掃完就跳去掃另一間。從一個房間開始，專注在如何最有效率地打掃完這個房間上，之後再去到下一間房間。一旦你的大腦進入某種設定模式，更有效率的方法就是堅持在同一任務上、而非干擾你的工作進程。

　　若要有效率地讓你的大腦保持在同樣模式並且避免太過頻繁的轉換，寫下一張你希望完成事務的清單會很有用。下面是另一個說明將較大型任務轉變成較小片段，會如何幫助你組織化的範例，它能讓你在處理看起來具挑戰性的任務時更有能力。以下這個例子示範了你在打掃家裡時可以遵循的步驟清單。

打掃任務

・廚房

　　丟垃圾

　　將食物或其他東西移走

擦拭櫃子及桌子

掃地

擦地

· 客廳

將不屬於客廳的雜物移走（像是外套、書本、袋子）

擦桌子

幫家具除塵

吸地板

　　要有效地完成任務，需一次執行一個步驟。在你完成前一步驟之前，試著不要分心到下一個步驟上。下面這道數學題案例也仰賴同樣的策略，也就是一次處理一個步驟。我們使用了高中幾何的一個問題來說明這點。

　　如圖 5.1 所示，你看到圓 O，$\overline{AB}$ 與 $\overline{CD}$ 垂直。你要根據 a、b、c 和 d 四點來找出直徑。

解：因為已知兩線垂直，我們很自然地就會想要使用畢氏定理來解題。相似性的解法可能也會有用。然而，相似性的解法通常沒討論到直徑。這條路可能行不通。讓我們一步步來看這個問題

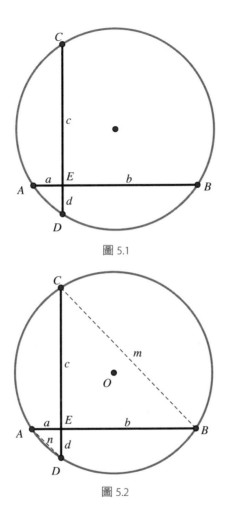

圖 5.1

圖 5.2

1. 解這個問題的第一步是考慮 $\angle CEB$ 和 $\overarc{CB}$ 與 $\overarc{AD}$ 之間的關係。一旦知道 $m\angle CEB = \frac{1}{2}\,(m\overarc{CB}+m\overarc{AD})$，我們便能清楚知道 $m\overarc{CB}+m\overarc{AD}=180°$。

2. 接著，考慮圖 5.2 所示的兩個直角三角形 $\triangle CEB$ 和 $\triangle AED$，並分別應用畢氏定理於其上。於是 $m^2 = c^2 + b^2$ 或 $m = \sqrt{c^2 + b^2}$，另外 $n^2 = a^2 + d^2$ 或 $n = \sqrt{a^2 + d^2}$。

3. 現在讓我們做一些不尋常的事，創造一個較簡單的相似問題（不失一般性），這能幫助我們解題。如同我們在圖 5.3 見到的，我們會把 $\overset{\frown}{CB}$ 及 $\overset{\frown}{AD}$ 沿著圓移動，讓 A 點及 C 點共點

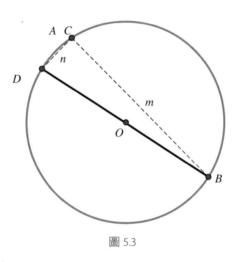

圖 5.3

4. 現在我們看到，既然 $m\overset{\frown}{CB} + m\overset{\frown}{AD} = 180°$，$\overline{DB}$ 必定是圓 O 的直徑，且既然 $\angle DAB$ 被畫在半圓中，$\angle DAB$ 就是直角。因此，根據上面的等式，直徑 $BD = \sqrt{m^2 + n^2}$，這來自上面的等式 $\sqrt{(c^2 + b^2) + (a^2 + d^2)} = \sqrt{a^2 + b^2 + c^2 + d^2}$

因此，一個陳述簡單的問題有個令人驚訝的解，這個解嚴

格地仰賴於圓的角度測量，特別是在圓當中兩條相交的弦所形成的角度。我們可注意到這是截弧和的二分之一。另一個要點是，能看出我們可以將弧任意移動到想要的位置上，並理解到這並不會失去一般性，如此我們就能創造出更易解出的問題。更重要的是，你會注意到我們需要系統性地一次進行一個步驟，才能進到下一階段。

不加評斷地評估——依據問題的事實評估

首先，我們來解釋所謂「帶著評斷性」是什麼意思。當我們使用*帶著評斷性*這個詞彙時，我們實際上是指使用了特定語言，賦予某件事特定價值或進行了詮釋。舉例來說，說一個想法「很好」或「不好」都是一種評斷，因為其他人可能不同意這種詮釋。同樣地，說一個問題「很難解」或「不公平」，或說「這沒有道理」全都是評斷。更自言而喻的評斷則包括自稱或說他人「愚蠢」、「刻薄」或是其他出於怒意所使用的詞彙。這是一大問題，因為評斷通常會激起憤怒及焦慮等負面感受，這些感受會戲劇性地干擾一個人的解題能力（見第四章）。

對一項任務的反應過度情緒化，幾乎不會為專注力帶來任何幫助，通常還會帶來相反的結果。評斷鮮少能讓我們想出如何走才能確實解決問題、符合邏輯的下一步驟。舉例來說，光是說這個問題「沒有道理」，就可能讓你生氣焦慮，會在你和問題之間創造出一堵牆，讓你更不想去處理它。認為老師、教

授或老闆很「刻薄」或「不公平」，也會增加一個人憤怒的程度，而不會以一種可解決的方式來描述問題。記住，本書主題是關於使用心理策略來解決問題。通常，當我們使用具評斷性的語言時，我們不是在解決問題，而是在抱怨。

那麼，我們該改說些什麼呢？要重新給出不具批判性的陳述，可能極具挑戰性；然而，這樣做卻會有意想不到的好處。相對於評判，練習使用不帶評判性的語言，能減少諸如憤怒及焦慮等負面情緒。與其說一個問題「一點道理也沒有」，試著以根據事實的方式來定義問題，並描述你正面臨的困難是什麼。改說「我不瞭解我該做什麼來解這道題目，或是我不知道我該從何處著手」，這樣能讓你採取具邏輯性的下個步驟，即找到一個能解釋這個問題的人，這樣一來你就能理解該做些什麼。

與其說一個教授「刻薄又不公平」，透過改說「我注意到因為教授都不回電子郵件，還一直進行隨堂考試，這讓我感到憤怒」，來掌控自己對當前情況的想法及感受。現在你擁有能確實創造出解決方法的方式了。你可以在教授的辦公時間親自去問問題並研擬一個學習計畫來應付隨堂考試。如果你覺得問題出在教授的態度，那麼盡你全力成立一個學生支持團體來彼此抱怨。記住，這樣做並不會解決電子郵件或隨堂考試的問題（從這點來看，教授本人的態度也不一定會改變），但是在這個過程中，你們可能會感到更有凝聚力，而且彼此更加瞭解！

為了幫助你開始，下面列出一些常見的評斷性陳述，以及重新使用不具評判性的語言來重述它們。當組成不具評判性的

陳述時，記住重點在於專注在事實上，以幫助自己找到解決辦法或是創造出能著手進行的計畫。

具評判性陳述	改寫過的不具評判性陳述
那人很…（可填入任一個負面形容詞）	我不喜歡那人因為…（填入那人的行為）
這個問題太難了	我不確定我要做些什麼來解這道題目
這問題比這組問題中的其他問題都要難	我注意到與其他問題相比，這問題裡的元素比較多
我太笨了	我因為不正確的答案而對自己感到不快／心煩／憤怒
我永遠都無法完成	我覺得不知所措，因為我想這會花上比我預期更久的時間
這太荒謬了／一點意義也沒有！	我不瞭解這問題的目的
我永遠都不會懂！	不斷地嘗試又錯誤，讓我感到挫折
這太煩人了！	必須完成這項任務，讓我感到很心煩

在下面這個例子中，這個問題看似非常讓人挫折，但如果一步一步來看，就能夠以沒有太大麻煩的方式來解決問題。

要贏得選舉，麥克斯需要獲得投票數的 $\frac{3}{4}$，如果 $\frac{2}{3}$ 的投票數已經過計算，麥克斯已獲得他贏得勝利所需票數的 $\frac{5}{6}$。那麼，在還沒開出的票數中，他要取得多少比例才能贏得這場選舉？

注意你在解這題時所產生的想法。有時，你可能會出現「這問題的陳述怎麼那麼令人混淆、令人感到挫折啊」的想法。然而，練習將你對於問題陳述的任何評斷改寫成有助於處理問題的說法。與其想著「這個問題太令人困惑、太複雜了」，告訴自己「如果一步一步來做，我就能輕鬆地解出這道題目」。

假設 V 是勝選所需的票數。儘管這道題目的陳述方式會令人困惑、讓人感到挫折，但只要一步一步地推進，就能輕鬆解出此題。在開出 $\frac{2}{3}$ 的投票數（我們用 $\frac{2}{3}V$ 來表示）後，麥克斯取得了他勝選所需票數的，而那是 $\frac{3}{4}V$。因此，他現在有 $\frac{5}{6}$ （ $\frac{3}{4}V$ ）或 $\frac{5}{8}V$ 的票數。既然他需要 $\frac{3}{4}V$ 才能贏得選舉，那麼這表示他還需要 $\frac{3}{4}V - \frac{5}{8}V = \frac{1}{8}V$。的票數。然而，有 $\frac{1}{3}$ 的票還未開出。因此 $\frac{1}{8}V / \frac{1}{3} = \frac{3}{8}V$ 代表麥克斯要獲得勝選、得在剩餘未開出票數中取得的票數比例。耐心及按步就班的步驟讓我們順利解了這題。

增加工作記憶的策略

除了能夠集中注意力，許多人也希望能增加記憶力。然而，記憶資訊本身是項複合性任務，這是因為記憶是由三種子類型所組成：感官記憶、工作記憶（也稱為短期記憶），以及長期記憶。感官記憶最多只能持續幾秒鐘，它包含我們感官所接收到的訊息，像是聽到一個聲音或是在紙上看見字詞都屬此類。我們不太注意進入我們感官記憶中的資訊。然而，當我們注意

到感官記憶帶來的訊息時，它就會進入我們的工作記憶中，通常可以維持數秒鐘到一分鐘。我們的工作記憶大約可以儲存 7（±2）個訊息，若我們持續關注我們工作記憶中的訊息，它就可能會被鞏固為長期記憶，而擁有尚未被定義的容量，並可持續未定的時間。當資訊離開任一種記憶儲存形式時，就被稱為遺忘。強化工作記憶之所以重要，是因為它在解題中扮演了重要角色。如果記錯了資訊或是訊息被遺忘，就可能造成錯誤或是忽略了問題的一整個資訊。

人們抱怨記憶力不好或是持續遺忘資訊，通常涉及的是工作記憶和長期記憶之間的鞏固過程。舉例來說，你可能把你的鑰匙放在一個新地方，幾小時後就不記得到底鑰匙放在哪裡。然而，有數個原因造成你「忘記」資訊。

人們無法記住資訊的其中一個理由是，他們從一開始就沒有適當地注意到刺激物！倘若如此，這則資訊打從一開始就未曾進入感官記憶之中，或是資訊進入了感官記憶，但沒被注意到，也就沒有機會進一步進到工作記憶之中。這通常發生在當人們因為其他外在或內在刺激而分心時。外在刺激（如同前一節所提到的）有可能是背景的電視聲或是邊對話、邊傳訊息。

當你邊玩著最新流行的手機遊戲、邊進行對話時，不要期待你對這場對話的內容能記住多少。內在刺激包括感覺及身體感官；有時我們看似關注在這場對話或演講上，但我們的大腦其實被其他思緒給占據了（例如*何時吃午餐*，或是*我等下有那麼多工作要做*……）簡而言之，如果我們沒有打從一開始就注

意到資訊，它接下來就不可能被記住。參考前面章節，我們就會發現，保持專心並留意到資訊，對於解決問題來說是非常重要的策略。

記住更多

另一個人們經常忘記資訊的理由是，他們企圖在工作記憶中保留太多資訊。要記住，工作記憶能力只能保有 7（±2）則資訊，而且只能維持一分鐘。如果你試圖要記住十五位的數字，你在保留這則資訊上所遇到的麻煩，會比記住並回想一個六位數字來得多。要完成冗長且拖延很久的任務，靠這樣有限的工作記憶會很令人挫折；然而，要欺騙你的大腦去記住比 7（±2）則更多的資訊是有可能的。

欺騙大腦記住資訊的其中一種方式，是將資訊切成更容易被記住的小塊。有時你很可能不假思索地就這麼做了。人們切割資訊、以便記憶，最常見於記電話號碼時；想要單純地將電話號碼 8-2-1-5-5-5-6-2-9-7（十位數字）記起來，這可能很困難。然而大多數時候，電話號碼會被切成小塊：（821）555-6297。因為區碼（像是這例子中的 821）通常具有意義，因此通常容易被記為一「塊」資訊。然而，接下來的數字可能就較難記住了。因此，你可能決定進一步將最後四個數字切成兩塊更容易記住的數字 62 及 97。現在，你必須記住六塊資訊，（821）5-5-5-62-97。

有一種特殊的資訊切割方式，是利用首字母縮寫及助記符。首字母縮寫法利用關鍵字的首字母，來組成另一個容易被記住的字詞，藉此幫助我們記憶。助記符運用了字母、想法或聯想法的一種形式，讓檢索資訊這件事變得更容易。這些策略在幫助人們輕鬆學習大量資訊上有令人難以置信的效用。舉例來說，學習神經學的學生必須背誦十二條按順序排列的腦神經。假如你對這個領域有興趣，下面是這些神經的名稱：

1. olfactory ／嗅神經

2. optic ／視神經

3. oculomotor ／動眼神經

4. trochlear ／滑車神經

5. trigeminal ／三叉神經

6. abducens ／外旋神經

7. facial ／顏面神經

8. auditory (or vestibulocochlear)／聽神經（或前庭耳蝸神經）

9. glossopharyngeal ／舌咽神經

10. vagus ／迷走神經

11. spinal accessory ／脊髓副神經

12. hypoglossal ／舌下神經

這些名稱不但很複雜還難以發音，要按順序記住它們就更有挑戰性了。因此，有些聰明學生創造了「撫摸並感覺上等

質料天鵝絨會喔喔喔～」（*Ooh, ooh, ooh,* to touch and feel very good velvet.）這樣能輔助記憶的字串，真是太天才了！雖然這個助記符對於那些腦神經的複雜名稱沒有幫助，但卻運用了每個神經的首字母，創造出一個考試時容易記住並回想的句子。

數學中也有一些助記符和首字母縮寫，能讓學生用來記憶特定的程序。舉例來說，在記憶兩個二項式相乘的結果時，會用到FOIL這個首字母縮寫。**FOIL**代表著首項（**F**irst）－外項（**O**uter）－內項（**I**nner）－末項（**L**ast），也就是 $(a+b)(c+d)$ $=ac+ad+bc+bd$。

下面是另一些幫助人們記住解題程序的首字母縮寫：

要記住演算的順序時，有些人使用：**BIDMAS**——括號（**B**rackets），指數（**I**ndices），除法（**D**ivide），乘法（**M**ultiply），加法（**A**dd），減法（**S**ubtract）。

要記住三角函數的定義，有些人會用 **SohCahToa** 來記憶計算一個角的正弦函數（sine）、餘弦函數（cosine）和正切函數（tangent）。**Soh** 代表 **S**ine，等於對邊長（**O**pposite）除以斜邊（**H**ypotenuse）。**Cah** 代表 **C**osine，等於鄰邊（**A**djacent）除以斜邊（**H**ypotenuse）。**Toa** 代表 **T**angent，等於對邊（**O**pposite）除以鄰邊（**A**djacent）。

寫下資訊

第三個人們經常遺忘的理由是，他們從留意到資訊到之後處理資訊，中間經歷了太長的時間。如果你想記得明早要將剩菜帶去上班，前一晚就想起來可能對你不會有太大幫助。簡而言之，等到明早來臨時，已過了太長一段時間，以至於那項資訊早已離開你的工作記憶。這種狀況也可能發生在題目很長的時候，等到你好不容易把題目讀完，你可能已經不記得題目一開始所給的資訊了。那則資訊進入了你的工作記憶中，但接著有更多記憶進入，待你要處理及記住全部資訊時，時間已經過了太久。

基於這個理由，寫下有用的資訊將會有所幫助，有時甚至是必要的行動。這能確保相關資訊不會被遺忘。舉例來說，思考一下以下這個問題，你可能會發現，把資訊寫下來對於記住問題到底在問什麼會有幫助。下面案例告訴我們該如何一步步寫下有用的關鍵資訊：

一條魚的頭部長 7 英寸。牠的尾巴相當於頭部加上身體長度的一半。身體長度則相當於頭部及尾巴加在一起的長度。請問：整條魚的長度有多長？

本題的解需要我們如下所示一次注意一則所取得的資訊：

假設魚尾長度為 t，魚身長度為 b。

我們知道魚尾長度 $t=7+\dfrac{1}{2}b$，且 $b=7+t$。透過將第一個等式中的 b 替換掉，我們得到了 $t=7+2(7+t)$，也

就是$t=21$。接著得出$b=28$。因此，整條魚的長度為$h+b+t=7+28+21=56$。

我們可以將這個「把資訊寫下來」策略應用到日常生活中。為了幫助你記住把某件物品帶去上班，或是記住在你離開家之前需完成某項任務，你可以利用便利貼，把它們貼在顯眼的地方。舉例來說，在冰箱上貼張紙條，提醒自己把剩菜帶去上班。這麼一來，隔天當你開冰箱準備早餐時，你就會看到紙條，而順利記得把剩菜帶走。或是在你每天早上走出大門的地方留張紙條（像是寫著：*你餵魚了嗎？*）另一個類似但不需要書寫的策略，是把你想要記得的物件與你絕不會忘記的物件，如你的汽車鑰匙放在一起。由於你不可能不拿車鑰匙就離開家，因此你也能記得放在它旁邊的物件。這些提醒物能在適當時間中，將你忘記的資訊放回工作記憶中。一旦你完成了任務，它們就會被遺忘，而新資訊又會被排序在前。

若是要記憶諸如約會或特殊事件等日復一日的資訊，記錄在行事曆上特別管用。在你知悉資訊的當下馬上寫下來，以免它過不了多久便會離開你的工作記憶。隨時隨地帶著行事曆，好將事情馬上記錄下來而不忘記。在這個科技時代，許多人認為手機日曆或是記事應用程式在記錄這類資訊上十分有用，然而一旦看不到行事曆，資訊就可能被忘記。這是何以另一種策略在增進你的記憶上能派上用場；那就是在你的住家或辦公室裡使用桌曆或壁曆來記錄。每一次坐在書桌前或經過時，它就

會提醒你接下來的待辦事項，而將此資訊持續保留在你的工作記憶當中。

理解資訊

最後，有時人們並不真的理解自己想要記下的資訊，以至於資訊容易被遺忘。很多人認同這點。回想學生時代，你可能會注意到，當你聽懂老師講解的內容時，你更可能記住它。然而，當你對老師講解的內容一知半解時，你要記住就困難得多，這並不是因為你不專心！當人們不瞭解資訊的意義時，就只會把該資訊保存或重播於工作記憶中，而無法鞏固於長期記憶裡。因此過不了幾分鐘，就會把這則資訊忘記了大半。因此，你越理解就能記得越好，這件事情是有道理的。雖然有許多方式可以幫助你把素材「理解得更好」，但我們在此會檢視一些普遍性的原則。

其中一個讓人更加理解資訊的方式是*停止*做某件事——明確來說，就是停止製作閃字卡。雖然有許多人認為閃字卡能幫助學習，有助於背誦，但你**不該**試圖把不瞭解的東西背起來，如果那是你接下來要接受測驗的科目更是如此。因為實際上題目的敘事可能不同，或者你可能會忘記你背下的內容。雖然背誦也有效果，但如果你能理解其中意義的話，就能記得更好。接下來，我們會討論能達到這目的的一些方法。

與其製作閃字卡或是書寫、重寫筆記，可考慮將你想記住的

資訊製作成圖表，無論是標出重要事件日期的時間線、一張人體素描或是一張標出細胞各個部分名稱的圖，又或者是將資訊切成較小部位的資訊樹。圖表之所以有用，有數個原因。首先，資訊經過複述後，更容易進入長期記憶中。其次，資訊被切割成小塊資訊，有助於記憶（如前所述）。最後，以有意義的方式進行資訊架構之後，對將資訊進行組織化的人來說一切就變得合理了。

最後，還有一種方式能讓記憶以及所見資訊變得有意義的方法，那就是以有趣的形式來呈現或是組織資訊。你可能會記得在幼稚園學了一首幫助你記住美國五十州名稱的歌。近期出現一些歌曲能幫助我們記住週期表上的所有元素名稱，還有一個故事能幫助我們記住所有美國總統的名字。

此外，除了參加考試之外，能幫助你評估自己對資訊理解程度的一個方法，就是看看你能否把這個素材教給別人。能夠教導其他人代表你對資訊的瞭解程度，比起只能作答測驗的程度要更完全。試著對一個對此術語或技術用語一無所知的人解釋這個主題。如果你能讓他們理解這些概念，這就代表你已經精通這些素材了。

讓我們試著解一題文字問題，這題會用到我們討論到的各種記憶技巧。要解出這題，你需要將資訊簡化成圖表，或／以及更能被人處理的單位（切割成小塊）將資訊寫下來，並理解問題的目標：

試解下面這題：

在埃爾伍德營區（Camp Ellwood）的一團 40 名女童軍中，有 14 人掉進了湖裡，13 人遇到了毒藤蔓，16 人在迎新健行中迷路。當中有 3 人同時遇到毒藤蔓又掉進湖裡，5 人同時掉進湖裡又迷了路，8 人遇上毒藤蔓又迷了路。而有 2 人同時經歷這三種不幸。請問：這團女童軍中有幾人避開所有不幸、全身而退呢？

現在思考一下解，注意所有已知資訊，以邏輯的方式來安排這些資訊。傳統上，大多數人會先把所有情況的人數加總，然後減去發生在女童軍身上的重覆案例。但這種程序一點效率也沒有。

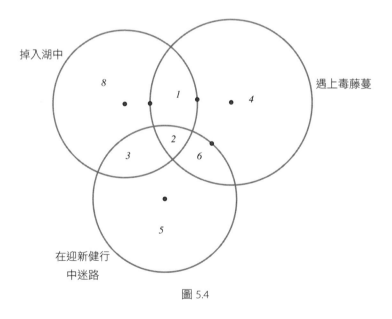

圖 5.4

讓我們透過視覺呈現來檢視這道問題。如同我們在圖 5.4 中所見，我們畫了一張圓圈圖來展示出這個數據（一張文氏圖）：

三個圓圈重疊之處包括了 2 個既迷路、又掉進湖裡、還遇上毒藤蔓的女童軍。這個圓圈圖顯示出：

跌入湖中	$=14$	遇上毒藤蔓＋迷路	$=8$
跌入湖中＋遇上毒藤蔓	$=3$	遇上毒藤蔓	$=13$
跌入湖中＋迷路	$=5$	迷路	$=16$

$$總共 = 8+3+2+1+4+6+5 = 29$$

因此，那些沒遇上任何不幸的女童軍人數為 40－29＝11人。

仰賴狀態及脈絡的學習

最後一個人們可以用於更輕鬆地記憶資訊的策略，是在同樣的情緒狀態下學習及回想資訊。你可能注意過當你在悲傷或憤怒時，你往往會更容易記起其他悲傷或憤怒的事件；而當你開心時，你可能會輕易回想起其他你所經歷開心事件的時刻。當然，並不總是能（有時完全不可能）選擇自己在特定當下的情緒狀態；然而，應用策略來創造出一個能夠學習及回想資訊的有效情緒狀態很有幫助。你可以考慮使用第四章所提到的減低焦慮策略，好讓自己有更冷靜、更專心的情緒來學習及記憶資訊。

同樣地，許多人在身處學習該資訊的類似環境或地點下，更容易回想起該資訊的內容。舉例來說，如果你是在之前學習該資訊的同一間教室（或一個類似的房間裡）接受測驗，你就有更多機會回想起這堂測驗的相關資訊。這是因為環境中的提示物與你學習時及回想時類似，這有助於你的大腦創造聯想，在你需要提取資訊時喚醒記憶。從仰賴情緒及脈絡記憶的角度來思考資訊，那麼當你老闆認為你在家工作時比較沒效率，多少也是有道理的。不只你的情緒可能有所不同（有可能你比較放鬆）；更因為整體環境提示也全然不同，因此有可能將你帶離原本的工作情緒之外！

結論

　　最後，集中注意力以及強大的工作記憶，對解題來說是個關鍵技能。當我們專注於一項任務時，我們能更準確且有效率地解決問題。同樣地，將資訊留在工作記憶中的能力，對於確保問題相關的任何資訊都沒被遺忘至關重要。然而，許多人很難集中注意力在一個問題上，也很難記住問題的所有必須細節。就因為這樣，學習各種增進注意力以及促進工作記憶的策略變得很重要。

　　集中注意力是能讓注意力維持一定時間的能力。首先，一個人若能先將週遭環境中包括電子設備以及與他人對話等讓人分心的事物減到最少，他就更能專注在資訊上。接著，練習正

念並減少同時多工，能確保人們持續專注在該資訊上。正念能幫助人持續將注意力保持在當下的一項任務上，再移至下一項任務。最後，練習以依照問題事實而不具評斷的方式作為解決問題的目標，這對保持清晰眼光看待問題是必要的。評斷通常會遮蔽住我們做決定的過程，讓我們分心，無法立刻做出能通往該問題解答的有效決定。

工作記憶是一種能力，讓我們回想起自己曾關注並進入我們短期記憶的資訊。雖然許多人抱怨他們的短期記憶不佳，但其實他們「忘記」的資訊根本從一開始就沒被記住過！因此，除了促進工作記憶之外，重要的是要確保人們能應用增加專注力的策略。這些策略包括將資訊切成小塊以及創造出助記符或是首字母縮寫，後者是減化資訊的另一種形式。另外也很重要的一點是，將重要資訊寫下來，以確保它不被忘記，特別是若要記住大量資訊更要如此進行。在學習新素材時，必須要讓人們確實瞭解教學內容，這樣才能確保新素材更好地被編碼入長期記憶中，而不是只是作為背誦的材料而停留在工作記憶裡。最後一則記憶策略是在同樣情緒及環境中學習並回想資訊；增加內在及外在提示的相似度，能創造所學習資訊以及你所處情緒或環境之間的連結。要記住，雖然注意力和記憶策略是增加你解題技巧彈藥庫的有效工具，但它們也如本書其他策略一般，在與其他技巧結合的情況下能更好地發揮作用。

第六章
順向思考及倒向思考：直覺式思考與深思熟慮式思考

我們大多數人都已接受古諺語所說的，習得一項技巧或取得新資訊的最佳方式是透過經驗。如果你想擅長解題，就盡可能多解各種不同類型的題目吧。練習，練習，練習！然而，這沒那麼容易。重覆累積不成功的經驗可能會增加挫敗感。預期失敗則增加了焦慮。要從經驗中獲益需要某些指導。

偉大的阿根廷作家波赫士寫過一個傑出的短篇故事《博聞強記的富內斯》（*Funes the Memorious*），該故事講的是一個住在巴拉圭的年輕人，因為被馬踢到頭而獲得了記住特定經驗的神奇能力：[1]

他心底知道 1882 年 4 月 30 日破曉時分南邊雲朵的形

---

1 原注：Luis Borges, J. (1998). *Collected Fictions* (trans. Andrew Hurley). New York: Viking Press. Also see *Borges and Memory: Encounters with the Human Brain* (2012). Rodrigo Quian Quiroga. Cambridge MA: MIT Press.

狀，他能在記憶中將這些雲朵與他記憶中儘管只讀過一次的西班牙語著作中色彩斑駁的條紋相比較……這些記憶並不是簡單的記憶……每一個視覺意象都與肌肉感官、熱感感官等能重建他夢境的感受相連……有兩三次他把一整天都重建出來了；他從未遲疑，但每一次的重建都需要一整天。

波赫士的故事到不久之前都被認為是一種幻想。但在 2006 年，研究者出版了一份他們稱為 AJ 的病人之案例研究。AJ 與故事中的 Funes 有許多共同處，她能記得每一件自己所經歷過的事；她吃過的每一餐的每一個微小細節，以及她經歷的每一次社交互動。她解釋說：

我現在三十四歲，從我十一歲起，我就有這種能回憶過去的神奇能力，不是只有回憶而已……我可以從 1974 年起直到今日的每一天中隨便選個日期，然後告訴你那天星期幾，我那天做了什麼事，又那天是否有任何重要事情發生……只要我看到電視上閃過一個日期（或在任何一處看見某個日期），我就會自動回到那天，記得當天我在哪裡、在做什麼、那天星期幾之類的。

這個情況被稱為*超憶症*，或是超常自傳式記憶。這個情況

極為稀少，僅有幾個人身上出現過。AJ 的能力似乎很神奇，某種程度上可與電腦的能力相比擬——就像隨身碟，大概只有一包口香糖大小，卻能裝下幾乎兩百萬份文件、兩百首歌曲以及三十萬張相片。但是，如果記住過去經驗如此重要，為什麼超憶症如此稀少？為什麼並不是所有人都擁有相似的能力？研究顯示，我們大多數人對於過去的記憶記得很少，也常常扭曲記憶。答案是，我們心智設定的目的並不是記錄經驗過的一切確切細節。演化把我們的心智設計為解決特定問題，而記憶眾多細節並無法幫助我們解決問題。波赫士瞭解這點，於是他記下 Funes 自己的看法：「我一個人擁有的記憶比世界之所以成為世界以來所有人類的記憶還要多……我的記憶呀，先生，就像個垃圾堆。」AJ 也描述她的超憶症經驗是個可怕的經驗：

> 它從未停止、無法控制、非常耗神。有些人稱我是個人型日曆，其他人則聽到就嚇得跑出房外，得知我有這項「天賦異稟」的每個人都有的反應是驚愕不已。接著，他們開始拋給我各個日期，試著要考倒我……我還沒被考倒過。大多數人說這是一個禮物，但我把它稱為一種負擔。我每天都在腦中重播我的整個人生，這要把我搞瘋了！

AJ 並不是唯一一個受此情況所苦的人。2013 年，公共廣播電台（NPR）報導了一名被診斷為超憶症的五十五歲人士，他

就一直深受憂鬱症所苦。

　　說明我們心智如何運作的另一個範例，是我們辨識臉部的能力。[2] 雖然臉部辨認在資訊處理上是項特別困難的問題，人類卻極為擅長解決這類問題。回到 1966 年，當時普遍認為我們擁有一種「祖母細胞」，它是一種能表徵複雜但特定概念或物件的神經元；當一個人看見、聽見或是敏感地辨別出一個與他祖母臉部相似的特定實體時，該神經元就會啟動。然而，大多數的臉部揀選細胞並非祖母細胞，因為它們並不表徵一個特定知覺；也就是說，它們不會只針對特定面孔而啟動，不管這張臉的大小、方向及顏色怎麼變化都有辦法辨識。就算是最具揀選能力的臉部細胞，都有可能錯過特定臉孔，更別說相似度更低的臉孔。然而，人們卻能區別出數千張稍有不同的臉，更有甚者，我們得在許多不同情況下辨認出同一張臉孔。每一次我們看到一張臉，它在我們視野中都呈現不同角度，在不同光線、地點、化妝或陰影下也有些微不同。因此，如果我們以一個特定神經元的確切感官經驗來辨認臉孔，我們就會慘遭失敗。事實上，每一次的觀看，我們都必須找出一張臉的深層屬性，而非單單記下某張特定的臉部影像。這讓我們能夠從眾多臉孔中區別出一個人的臉。不同特徵的相對位置是臉部感知的重要面向。我們似乎可以提取兩眼距離或是嘴巴、鼻子和眼睛相關位

2　原注：Maurer, D. & Mondloch, C. J. (2002). The many faces of configural processing. *Trends in Cognitive Science*, 6(6), 225–260.

置等微小差異。

　　臉部辨識這種複雜技巧，端賴我們在辨認一張臉孔時，是否能從進入我們感官的資訊洪水中提取更深入的抽象資訊。除了單單記錄任一場景的光線、聲音及氣味，我們還必須回應這個世界深層的抽象特性。這讓我們在各種情況下偵測到細微且複雜的相似性及差異性，而能有效地行動。甚至在我們之前從未遭遇過的新情況中亦是如此。

　　抽象資訊之所以有幫助，是因為它能指引我們從一堆複雜的可能性中選出我們感興趣的資訊。在臉部辨識中是如此，其他知覺經驗上也是如此。舉例來說，我們利用抽象資訊來辨識熟悉旋律。一旦你聽過布拉姆斯的搖籃曲，無論它被轉成哪種調或是使用哪種樂器演奏，甚至演奏中出了幾個差錯，你都可以認出這首曲子。讓我們辨認識出熟悉曲調的不管是什麼，都絕不是你過去聽到這個曲調時的特定經驗記憶。這肯定是出於某種抽象的東西。儘管我們根本沒注意到，但我們總是在辨識行動中仰賴這種抽象的資訊。

　　波赫士理解到，記住每一件事正好與我們心智最擅長的工作——從一堆經驗中*提取*資訊——相衝突。這是何以 Funes 將自己的心智描述成一個「垃圾堆」，因為那裡面充滿了無法被歸納或理解的特定細節。他不能理解他多次遇到有四條腿的毛絨絨生物，實際上只是遇上了同一種動物：

　　「我們不要忘記，他幾乎無法以一種概括且柏拉圖式

的方式來處理概念。對他來說,不光理解狗這個概念
包含了不同大小及形狀的個體很困難;在 3:14 看到的
狗(從側面看)與他在 3:15 看到的狗(從前面看)是
一樣的,這件事也困擾著他。」

我們大多數人並非超憶者,這是因為超憶會讓我們在演化
時無法成功做該做的事。我們的心智忙著從我們的經驗中選出
最實用的資訊並將其餘拋諸腦後,是為了讓行動有所依歸。若
把每一件事都記住,可能會阻礙我們專心在更深入的抽象準則
上,那有助於我們辨識新情況與過去情況的相似處,並找出有
效的行為。行動時要有效率,細節反而非必要;一般來說,我
們只需一個大致印象就夠了。有時候儲存細節反而適得其反,
就像超憶症患者及那個記憶如同充滿細節的垃圾堆的 *Funes the
Memorious* 一般。然而在解題時,記住重要資訊對我們來說是
有幫助的;有時我們的記憶可能停留在一個我們不想記住的地
方。你可以回頭參考第五章,查看該如何改善記憶的策略。

行動的邏輯

如果我們的演化環境偏好其他能力,而非去選擇有效率的
行動,那我們所遵循的邏輯就可能與此刻不同。如果我們在一
個獎勵機率遊戲的賭博世界中演化,我們就可能能完美地對分
布機率及統計法則進行推理。如果我們在一個由演繹推理所定

義的世界中演化，我們就可能都會像福爾摩斯一樣，成為擅長做出演繹結論的大師。然而，我們大多數人就像華生醫師一樣，對這兩種心智活動都不擅長（這些都需要大量訓練才能精通）；相反地，我們生活在一個由*行動邏輯*所統治的世界。行動邏輯需要我們去想像行動的結果——如果在粗糙表面上磨擦火柴、沒帶傘就走入雨中，或是對一名敏感的朋友說錯了話會發生什麼事。在這樣的情況下，我們想像世界處於某種狀態，然後想像能改變這個狀態的行動效應。也有些是我們覺得並不簡單或是自然的推理，好比 $\sqrt[3]{8743}$（8743 的立方根）就很難被推論出來；量子力學也很難推論；我們下一次在賭場下注時贏的機率有多少，這也很難預測。事實上，進行空間推理也很困難：內華達州的雷諾是在加州洛杉磯的東邊還是西邊？密西根州的底特律市是在加拿大多倫多的南邊還是北邊？我們並非每件事情都很擅長，需要特定策略或某個觀點來指引我們面對這類困難的狀況。我們確實在推理這世界如何運作上十分擅長，因為這就是在進行有效行為的因果推理。[3]

　　舉例來說，我們輕易就能看見並明白最簡單的邏輯原則——肯定前件（*Modus Ponens*）。在下面例子中，我們將以抽象及實際內容來進行說明（另見第三章）：

3　原注：Cummins, D. D., Lubart, T., Alksins, O. & Rist, R. (1991). Conditional reasoning and causation, *Memory and Cognition*, 19(3), 274–282.

抽象	實際內容
1. 若 A，則 B	1. 如果下雨了，我會淋濕
2. A	2. 下雨了
3. 因此 B	3. 因此我淋濕了

　　這沒什麼問題；這是一種有效的思考方式，結論也是正確的。如果一起事件發生，特定的第二起事件也會跟著發生。這個邏輯是最簡單的聯想性思考之基礎，並從行動層面影響我們如何感知及理解我們的大多數經驗。然而，這種簡單的思考也可能讓我們走偏。考慮下面這個推論：

抽象	實際內容
1. 若 A，則 B	1. 如果下雨了，我會淋濕
2. B	2. 我淋濕了
3. 因此 A	3. 因此，現在在下雨

　　在問題以抽象形式呈現時，大多數人會認為是個有效的思考方式且結論正確，實則不然。這種思考方式是一種邏輯謬誤，被稱為肯定後件（*affirming the consequent*）。也就是說，我們肯定或接受「淋濕」的結果，暗示了前面的前提，也就是「現在下雨了」為真。然而，淋濕可能是其他事件造成的結果：我們可能掉進湖裡、我們可能剛沖了個澡等等。肯定前件是顯而易見且易於瞭解的；一起事件（淋濕）跟著前面的事件（下雨

了）而發生。在這種思考方式中，我們在進行順向的因果推理。至於肯定後件（我淋濕了，因此一定是下雨了）其實並不明顯，也需要我們從「淋濕了」這個狀態向後推理出什麼是淋濕的可能成因。順向因果推理很明顯、也易於理解，很符合直覺；倒向因果推理則除了觀察事件序列之外，還需要更多元素。它需要考慮到反例（如果沒下雨怎麼辦？）以及替代可能性（還有什麼會讓你淋濕？）順向因果推理以及診斷性倒向因果推理這兩種思考方式，說明了兩種非常不同的經驗思考方式；順向因果思考很簡單也很自然，診斷性思考則很困難，通常需要時間、策略及某些訓練作為指引。

順向以及倒向因果推理

因果推理是人類認知的基礎，是我們心智最擅長的事。然而，它的所有面向並非全都一樣容易。順向推理是思考原因如何造成結果；我們用它來預測未來，亦即今日事件如何造成明日事件。我們也用它來理解事物如何運作；舉例來說，何以按下特定按鍵就能讓電腦操作特定功能。肯定前件這個邏輯原則的範例就需要順向推理。倒向推理是從結果推出原因；醫生使用它來診斷症狀的成因，修車工人也用它來診斷你的車出了什麼差錯。倒向因果推理需要理解某件已發生的事情是如何發生的。

對我們來說，順向推理，也就是從原因推到結果，比從結果推到原因的倒向推理要簡單。舉例來說，對醫生來說，預測

某個患有消化性潰瘍的人會肚子痛，要比做出某個人肚子痛是因為他得了消化性潰瘍這樣的結論要來得容易——肚子痛可能有許多其他因素需要考慮。倒向因果推理，也就是從結果推論可能的成因，需要更多的時間，有時也更為困難。然而，儘管如此，倒向推理是讓我們人類之所以獨特的一點；目前仍不清楚是否有其他有機體，能像人類一樣有效地進行倒向推理。

倒向推理的概念在解數學題時非常有用。表面上來看，這個名稱聽起來有點讓人混淆，但這只是因為缺乏對此步驟的瞭解。學生從開始上學起，就會學到以最直接的方式來解題。這是數學課本的典型問題預設被解答的方式。不幸的是，這類「解題」有很大部分是靠死記硬背完成的。學生們痛苦地學習某單元的某個題型，在老師提供「範例解」之後，接下來該單元的其他「題目」只要以雷同方式就能解出。這類題目完全不用學生進行想像力思考，事實上，它們不該被稱為*題目*，頂多只能稱為*練習*，其目的是重覆使用強化特定解法的記憶。在典型的高中幾何課程中，學生首次被要求寫證明題時，他們會不斷重複先前步驟來解出問題。我們希望學生能質疑僅靠死記硬背學習數學究竟價值何在，好讓學生接受此處所提供的解題策略，也就是*倒向運算*。

擬定時間表是使用倒向解題策略的另一個實際範例。當人們要擬定在特定時間中完成不同任務的時間表時，通常會從該完成什麼、所有工作必須完成的時間，以及每項任務分別占多久時間開始。接著，透過倒向解題來分配每項任務所需的時間，

因此得出該啟動整項工作的確切時間（見第五章瞭解更多擬定時間表的相關策略）。

日常生活中，倒向解題策略也廣泛應用於交通事故的調查上。當警方調查汽車意外時，他們必須倒向解題，好重建意外現場。從事件發生的時間開始，瞭解事故成因、哪輛車在相撞前突然轉彎、誰撞了誰、哪個司機犯了錯，以及事件發生時的天氣如何等等。

檢視學生在典型教科書練習中所學習的解題程序，有時會發現一些非常有用的技巧。不幸的是，這些技巧通常被視為理所當然，並未受到注意。學生可能必須以反向順序進行推理，卻沒被告知要這麼做。一個明顯例子就是學生在高中幾何課程中寫證明題的程序。在著手證明之前，他們應該從檢視自己要證明的東西開始，如此才會知道要證明兩條線段全等，可能要從證明兩個三角形全等開始。接著，這代表學生要找出相關線段，來證明兩個三角形全等。持續以這個方式進行下去，學生最終就會被引導去檢視題目最初要求的結果。本質上，他們進行的就是*倒向解題*。當目標只有一個，但有太多可能的起始點時，聰明的解題者會先從想要得到的結論倒向解題，直到倒推到已知資訊的那一點為止。

我們必須在此強調，當只有單一終點欲被證明、卻有各種不同從起點出發的路徑時，倒向解題的策略是可取的。「順向解題」依然是解題的最自然方式。事實上，順向解題被用來解決大多數的問題。我們並不是說，所有問題都該用倒向解題的

策略來解決，而是在檢驗過自然的解題方式（通常是「順向」）之後，可以試試倒向策略能否為這個問題提供更有效率、更有趣或更令人滿意的解法。

要決定從一個城市到另一個城市最有效率的最佳路徑，取決於連向起點或終點的路徑哪個比較多。當連接到起點的路徑較少時，使用順向方式通常會更好。然而，當連接到起點的路徑有很多條、卻只有一兩條路徑連接到目的地時，計畫路徑的有效方式便是在地圖上定位出最終目的地，然後判斷哪條路徑最能直接通往起始點。漸次地以這個方式（也就是倒向解題）繼續下去，就能找到一條輕易可行路徑連接到起點。透過這個步驟，你可以用一個非常系統化的方式在地圖上畫出路徑。

舉一個使用倒向解題更有益的實際範例。想像一個在遠方城市與人有約的銷售員，他必須決定該坐哪班飛機才能在抵達時有充裕時間與人會面，但又不要提早太多。他開始檢視航班時刻表，從抵達時間最靠近他約會時間的班機開始。他能準時抵達嗎，會太趕嗎？他檢視了另一班再早一些的班機。這個時間充足嗎，如果因為天候班機延遲了怎麼辦？比這更早的班機是幾點飛？透過倒向解題，這位經理人決定了能準時進行會面的最適切班機時間。

NIM 策略遊戲則是另一個示範何時合適使用倒向解題策略的絕佳範例。在該遊戲的一個版本中，兩名玩家面對著他們前面疊成一落的 32 根牙籤。並輪流從這落牙籤中取出 1、2 或 3 根牙籤。拿到最後一根牙籤的玩家便獲勝。玩家發展出一套制

勝策略，從 32 開始倒向解題（換言之，為了要贏，玩家必須拿到第 28 根牙籤、第 24 根牙籤等）。以這個方式繼續下去，我們發現，如果玩家拿到了第 28、24、20、16、12、8 及 4 根牙籤，他就能贏。因此，制勝策略是讓對手先拿取，然後依照上面所述的方式進行。

許多問題只用到一點逆向推理（儘管只有一小部分），但也有一些問題只要使用倒向思考就能戲劇化地解決問題。思考下面這個問題；要注意這不是典型學校課程中的題目，卻戲劇化地說明了倒向解題的力量。

在相鄰格柵上找到一條路徑，從「起點」開始，結束在「終點」，而所有空格的和是 50。你可以通過任何打開的閘門，在你通過之後那道門便會關閉（見圖 6.1）。

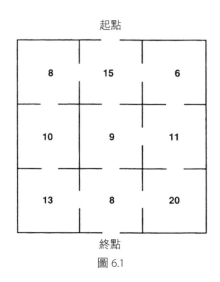

圖 6.1

解：很自然地，透過試錯來順向解題，你應該最終會發現正確路徑。然而，透過*倒向解題*策略，你明顯能將問題簡化。你應該要立刻理解到，無論你選擇哪條路徑，你一定要通過靠近起點的格15以及靠近終點的格8。這表示，你會用到 $15+8=23$。這讓我們剩下要經過的和為 $50-23=27$。現在，要看出 $8+10+9=27$ 並不太困難，因此所需路徑為：

$$起點\ 15 \rightarrow 8 \rightarrow 10 \rightarrow 9 \rightarrow 8\ 終點$$

倒向解題策略讓這個問題比純粹使用試錯法以及順向解題法，更容易被掌握。

下面是另一個使用倒向解題而能更輕鬆解答的問題。

艾芙琳、亨利以及艾爾在玩某種遊戲。玩家每輸一輪就要給其他每個玩家當時擁有金額同樣數額的金錢。第一輪時，艾芙琳輸了，分別給亨利及艾爾當時擁有數額的金錢。第二輪時，亨利輸了，他分別給艾芙琳及艾爾兩人當時擁有的數額。艾爾在第三輪輸了，他分別給艾芙琳及亨利當時擁有的數額。他們決定此時喊停，結果發現每個人都有 24 美元。那麼他們在遊戲開始時分別有多少錢？

解：一般人通常會先寫下含有三個變數的三個等式，並開始設置這個系統。這麼做可以嗎？當然可以！然而，這樣做會用到很多減法以及小括號的化簡，最後的等式組因此可能出錯。

就算他們確實列出了正確的等式組，也得要把等式組解開才行。

輪數	艾芙琳	亨利	艾爾
起始	x	y	z
1	$x-y-z$	$2y$	$2z$
2	$2x-2y-2z$	$3y-x-z$	$4z$
3	$4x-4y-4z$	$6y-2x-2z$	$7z-x-y$

這讓我們得到下面的等式組：

$$4x-4y-4z=24$$

$$-2x+6y-2z=24$$

$$x-y+7z=24$$

解出這個等式組會得到 $x=39$、$y=21$、$z=12$。因此，艾芙琳開始時所擁有的金額是 39 美元，亨利是 21 美元，艾爾是 12 美元。

不過，我們也該瞭解，這問題陳述了故事最後的情況（「他們每個人都有 24 美元」），並要求找出起始狀況（「他們開始時各有多少錢？」）這是能使用倒向解題策略的明確徵兆。讓我們看看這個策略如何讓計算變得更容易。我們從最終每個人有 24 美元開始。

	艾芙琳	亨利	艾爾
第三輪結束	24	24	24
第二輪結束	12	12	48
第一輪結束	6	42	24
起始	39	21	12

艾芙琳從 39 美元開始，亨利從 21 美元開始，而艾爾從 12 美元開始，得出了透過代數來解題一樣的答案。

直覺式思考與深思熟慮式思考

在傳統及現代哲學與心理學裡可找到這兩種不同想法之間的區別。諾貝爾得主丹尼爾·康納曼在其著作快思慢想中重新闡明了這種區別。[4] 這種區別有許多稱呼，比如：聯想式 vs. 規則式、系統一 vs. 系統二；直覺式 vs. 深思熟慮式，以及所謂的快思考 vs. 慢思考。試想一種英文首字母為 e 的動物。幾乎每個人腦海中第一時間都跳進了「大象／Elephant」這個單字。直覺式思考提供了立即的答案。不需任何努力，我們甚至沒意識到自己是怎麼想到這個答案的。又或者，試著把被下面這串打散的易位構詞英文字母 initiutve 拼回正確的單字；「直覺／intuitive」這單字神奇地浮現了，我們完全沒意識到答案是

---

4   原注：Kaheman, D. (2011). *Thinking Fast and Slow*. New York: Farrar, Straus.

如何產生的。現在，試著將下面這組更困難的易位構詞字母 vaeertidebli 拼回來。若你能順利解出，想必你會意識到自己是如何找出正確答案的；你幾乎能看到自己移動這些字母（以拼出 deliberate 這單字）的步驟。同樣地，在解一題困難的數學題時，你也會在過程中意識到自己的每一步驟。以因果推理來說，直覺式思考通常牽涉到順向思考（字母 e 讓人想到那些首字母以此開始的動物，即大象）。雖然深思熟慮式思考通常牽涉到倒向推理（當嘗試要解出 vaeertidebli 這個易位構詞時，我們可能得要從想到排除掉 vae 作為拼字首字母開始）。此外，我們透過快速直覺所找到的結論，並不總是與深思熟慮後的結果相等。通常我們以直覺得出的結論，與那些我們經過更緩慢費力的深思熟慮結論相衝突，前者甚至會被後者否決。直覺讓人得到快速的結論，深思熟慮卻讓我們遲疑。

　　當被問到是否知道日常生活中各種物件的運作方式時，我們就能看到這種差異。當人們被問到腳踏車、拉鍊或沖水馬桶等日常物件如何運作時，他們往往聲稱自己知道。然而，當被要求對腳踏車、拉鍊或沖水馬桶的運作原理提出詳細說明時，他們的說明往往既膚淺又不太正確。這種差異被稱為*解釋深度的錯覺*。[5] 該錯覺被一種非常簡單的方式給記錄下來了。

5　原注：Rozenblit, L. & Keil, F. (2002). The misunderstood of folk science: An illustration of explanatory depth. *Cognitive Science*, 26(5), 521–562. Also, see Keil, F. & Wilson, R. A. (2000). *Explanation and Cognition*. Cambridge, MA: MIT Press.

1. 在 1 到 7 分的量表上，你對拉鍊運作方式的理解可得幾分？
2. 拉鍊如何運作？盡可能仔細描述操作拉鍊時的所有步驟。
3. 現在，在同一份 1 到 7 分的量表上，為你對拉鍊運作的相關知識進行評分。

如果你與大部分研究受試者一樣，你可能也會自信滿滿地宣稱自己很懂拉鍊。然而，若你不在拉鍊工廠工作，你在回答第二題時就會說不出個所以然。接著，被要求回應第三題、自評對拉鍊的瞭解程度時，你就會降低你的評分。受試者一律會因為降低自己的評分而感到羞愧。在嘗試解釋拉鍊如何運作後，大多數人理解到自己幾乎什麼也不懂，便將評分降低 1 或 2 分。受試者承認，他們自以為對拉鍊運作的理解比實際上知道得多。人們降低自己對相關知識的評分，本質上是在說：「我知道的比我以為的要少。」菁英大學或地方大學的大學生以及研究生被問及對於鑰匙、沖水馬桶、彈簧鎖、直升機、石英錶以及縫紉機等運作機制的瞭解時，也呈現出差不多的結果。這個強大的發現在被問及諸如稅務政策、外交關係、基因改造食品、氣候變遷，甚至他們自己的財務狀況時，也同樣會出現。

對此解釋深度幻覺的一個詮釋是，人們往往高估了他們對事物如何運作的理解程度，因為他們的第一個答案往往是基於直覺的理解。直覺式的因果推理讓人們產生了膚淺的評估。若

要求人們詳細解釋事物如何運作，等於是強迫他們更仔細思考運作原理以及它們得以順利運轉的原因。在進行這個思考之後，他們會重新評估自己的知識，並降低對自己的評分。這個解釋深度幻覺是直覺式心智的產物，是我們不費力且自動化思考的結果。但當我們開始仔細思考後，這種幻覺便會幻滅。

另一個看出直覺式思考以及深思熟慮思考之間區別的方式，是使用*認知思考測驗*。該測驗包含三個問題。第一個問題是：

> 球拍和球合計 1.10 美元。球拍比球貴一塊。那麼球多少錢？

大多數人立刻給出了 10 美分這個答案。然而，真正的問題在於你是否接受第一直覺所給的答案，還是你會做進一步的檢查？你只要進一步檢查，就會看到如果球要 10 美分，球拍比球貴 1 美元，那麼球拍就是 1.10 美元，兩者相加的花費是 1.2 美元。所以，答案不是 10 美分。少數人的確檢查了答案，理解到 10 美分是個錯誤答案，然後計算出正確答案（5 美分）。這些人壓制了自己的直覺回應，在回答之前深思熟慮了一番。

另一個類似情況是，如果你要到一間全年所有商品都打 9 折的店家購物，該店家在特別假日時結帳價格會再打 8 折。大多數人都直覺地認為他們買的東西總共打了 7 折，然而事實是打 9 折之後再打 8 折，總共打了 72 折，因為已經打過 9 折的價

格再打 8 折，因此折數比原價打 8 折還要少。

第二個問題則提供了直覺思考及深思熟慮思考之間的一個類似衝突：

> 一座湖泊裡有一片睡蓮葉。每一天葉片會變成兩倍大。
> 如果葉片要花 48 天才能遮住整座湖面，那麼蓮葉遮蓋
> 住半個湖面要花幾天？

對大多數人來說，腦中馬上會想到答案 24。如果蓮葉尺寸每天大一倍，那麼若湖面在第 24 天被遮住一半，那麼整個湖會在第 25 天完全被遮住。但問題說的是湖面在第 48 天被遮滿，所以 24 天不是正確答案。正確答案應該是整個湖面被遮滿的前一天──第 47 天。最後這題與前兩個問題類似：

> 如果要用 5 台機器花 5 分鐘製成 5 個部件，要用 100
> 台機器製成 100 個部件要花多少時間？

答案不是 100 分鐘，雖然大多數人認為如此。如果每台機器花 5 分鐘製作一個部件，那麼正確答案就會是 5 分鐘。每台機器花 5 分鐘製作一個部件，這樣你會有 100 個部件。

這三個問題的共同之處是腦中立刻會浮現的答案不是正確答案。要得到正確答案，必須先壓抑住直覺想到的答案，再多做一些計算。大多數人不會想要這麼麻煩。與其壓抑住直覺冒

出的答案、更仔細地進行思考來找出正確答案，人們會脫口而出直覺想到的答案，也就是腦中浮現的第一個答案。在美國抽樣一大群人中，只有不到 20% 的人三題都答對。數學家及工程師比詩人及畫家做得好；但沒有好多少。麻省理工學院有近 40% 的學生三題都答對，而普林斯頓大學只有 26% 學生三個問題都回答正確。

認知思考測驗將那些會在回答之前進行思考的人，以及那些馬上回答出腦中第一個想到答案的人區別出來。那些會先思考的人，更仰賴於深思熟慮的思考；至於那些比較不在乎思考的人則更仰賴於直覺。那些更偏向思考的人，在面對牽涉到推理的問題時往往更加小心、犯的錯更少，也比較不會像那些更偏向直覺的人一樣掉入陷阱中。他們較不衝動，在處理問題時會使用更趨避風險的解決方式，也願意等待更久來取得更大的獎勵。

其他研究發現，偏向思考的人渴望更多細節。當看到細節描述總量各有不同的各式商品廣告時，偏向思考的人會更偏好有更多細節的廣告商品。那些在認知思考測驗中得分較低的人則偏好細節較少的敘述。此外，與本處討論最相關的一點在於，偏向思考的人（那些在測驗中得分較高的人）所顯示出的解釋深度錯覺，比那些較不偏向思考的人來得少。直覺給予我們一個簡化過的粗糙分析，創造出我們所知比正常量還要多的幻覺。但當我們深思熟慮後，我們就會開始欣賞事物的複雜，並體會學海無涯。

忽略基本比率及共變

　　共變是直覺思考的核心：x 和 y 共變，代表只要 y 存在，x 也會存在；如果 x 不存在，代表 y 也不存在。共變在進行預測時扮演重要角色，在建立因果上也是必須的（見第三章）。教育帶來高薪的工作；吃一頓豐盛早餐讓你一整天感覺良好。雖然這種思考方式很直覺也很自然，卻可能會帶來錯誤及不正確的結論。我們有時會認為，某些事物的關聯並不確定或是一點關係也沒有。你是否更容易與身高高的人墜入愛河？穿直條紋是否讓你看起來更瘦？踩油門踏板是否能讓你的車更容易發動？一直按按鈕，電梯是否能更快來？如果我們在實際上不存在共變之處看見共變，我們就會被共變的幻覺給欺騙，這其實很常見。

　　共變幻覺展現在一項使用羅夏克測驗的經典研究上。[6] 在羅夏克測驗中，人們看到各種墨跡，並被要求對所見墨跡進行描述。接著，臨床心理學家檢視這些敘述，在不同類型的回應中尋找共同模式。舉例而言，對羅夏克卡進行描述時若提到了動作，這暗示你具有想像力和豐富的內在生活；若你在描述時提到卡片上的空白部分，這暗示著你很叛逆。這項經典研究會將虛構回應與那些可能會做出該回應的人所給的描述進行配對。

6　原注：Chapman, J. & Chapman, L. J. (1971). Test results are what you think they are. *Psychology Today*, 5, 106–110.

舉例來說，某項虛構回應會被歸給「認為其他人都圖謀陷害他」的男人；另一項則歸給一個「對其他男性有性衝動」的男人。在將文字描述與個性描述進行隨機配對之後，這些配對組合同時被展示給兩類人看，一種是對羅夏克測驗沒經驗的大學生，另一種是一群對羅夏克測驗有豐富經驗的老練臨床心理治療師。令人驚訝的是，儘管在被檢驗的資訊中並不存在著共變關係，這兩組人卻都看見了特定回應及特定文字描述之間的共變。舉例而言，兩組人都看見了特定回應顯示了性傾向。對兩組人來說，這模式是虛構的，並不存在於配對當中。因此，從看見實際上並不存在的模式來說，這兩組沒什麼不同。沒經驗的大學生和有經驗的臨床治療師，都被同樣的共變幻覺給欺騙。關於共變幻覺的類似發現，也出現在財務規劃師對於投資回報的聲稱，或是醫師對癌症的診斷上。就算人們盡全力想要仔細（在表現正確就提供現金獎勵的情況下），這些錯誤依然會出現。

共變幻覺之所以會持續存在，有種解釋是人們似乎只考慮到所有呈現證據的一個子集，而該子集受到他們先前期待所偏好。實際上，這個有偏見的證據評估，保證會帶來錯誤的評斷。如同稍早提到的，這個選擇性過程被稱為確認偏誤；代表人們更傾向於去回應能證實自己信念的證據，而非那些可能挑戰你信念的證據（見第三章）。舉例來說，如果你相信大型犬很殘暴，你就更有可能去注意到大狗的凶殘，而認為小狗比較友善。當這樣的狗群範例出現時，你就更會認出並記得凶殘的大狗以及友善的小狗，而無法注意到友善的大狗和凶殘的小狗。當被

要求評估狗的體型大小與脾氣之間的共變時，你會過度預估兩者之間的關係。

你可以把這理解為，評估忽略某件事普遍發生頻率的相關資訊所造成的結果。[7] 想像治療某特定疾病的新藥正在進行測試，假設研究顯示有 70% 服用該藥物的患者能從疾病中復原。但這則資訊本身沒有意義，因為我們還需要知道一般而言人們從該疾病康復的機率。如果在不服用該藥物的情況下整體康復率是 70%，那麼這款新藥就一點效用也沒有。我們在一項經典研究中發現，人們偏好容易發現的明顯答案，而非基礎比率的相關資訊。[8] 參與者會被問道：

從 70 名律師和 30 名工程師所組成的群組中隨機選擇一人，那麼他的職業可能是什麼？

另一組參與者被問到同樣問題，但他們並未獲得基礎比率，只知道被選出的一人之簡短性格描述。當中有些描述暗示了律師或工程師的相關刻板印象，其他則是中性描述。

結果一點不出人意外。人們會使用已取得資訊來做判斷。在第一組中，他們會使用基本比率資訊做出決定；在第二組中，

7　原注：Fredricks, S. (2005). Cognitive reflection and decision making. *Journal of Economic Perspectives*, 19(4), 25–42.

8　原注：Kaheman, D. & Treversky, A (1973). On the psychology of prediction. *Psychological Review*, 80.

他們則會使用性格描述來猜測職業。至於第三組，他們同時取得這兩種資訊，所以可以期待他們會同時使用基礎比率及性格概述來進行預估；但才不是這樣！結果第三組人只仰賴性格描述資訊、而忽略了基礎比率。比起基礎比率，他們更仰賴性格描述，而不論基礎比率是 70 名律師及 30 名工程師，還是 30 名律師及 70 名工程師。因此，當被問到湯姆是否為一名律師時，參與者自問湯姆有多符合他們對於律師的理解，而忽略了基礎比率資訊。根據相像程度來做判斷既直覺、快速又不花一絲力氣；根據基礎比率進行判斷，則需要刻意思考，需要花費更多時間及力氣。

結論

簡而言之，我們能以兩種方式來理性思考問題。有時候，我們以明顯資訊為基礎，仰賴又快又不費力的直覺式思考。雖然這類思考通常很管用，但也很容易出錯。在其他情況下，我們以更刻意的方式思考問題。這類思考較慢、較費力但也較正確。我們在何時使用直覺式思考，又在何時使用較準確的深思熟慮式思考呢？某種程度上來說，這可能是一個選擇的問題，看是要接受直覺想法、還是要轉用更深入思考過的想法。

雖然深思熟慮式思考非常強大，當面臨選擇時，我們往往還是會選擇較容易、較快速的思考方式。特定提示可能會引發我們所使用的思考方式類型。若在解決問題和進行判斷時有時

間壓力，就可能會引發我們使用快速直覺式思考的傾向。相反地，當我們著重判斷的過程，就會開啟更深思熟慮的思考。舉例來說，經驗顯示，在一門大學的認知課程中，當教師提問一個看似有簡單明顯答案的問題時，大多數學生會立刻感到懷疑。然而，時間壓力和專注力等因素並非全貌，因為有時候人們趕著要完成事情，或是會被其他事情分心；甚至那些有充足時間處理問題以及很專注的人也會犯錯。有其他提示則可能引發深思熟慮式思考。舉例來說，若有意識地抗拒忽略基本比率的傾向，就能避免這個錯誤。我們可以提高對基本比率的敏感度，讓基本比率資訊在問題一出現時即時現身。此外，如果基本比率資訊是以頻率的方式呈現（1000 當中的 12 個），而非以比例（1.2%）或以十進位制形式（0.012）呈現，我們就更容易注意到它們。如果在問題提出時就強調機率，我們就更可能理解到這項證據可能只是偶然或意外，並不代表一個可靠的模式。此外，當用來呈現證據的統計詞彙更容易被人理解時，判斷也會更深思熟慮及準確，較不容易犯下直覺式的錯誤。舉例來說，一名運動員在第一賽季的表現就是一個證明案例，這點相對清晰（這一賽季的表現可能無法反應她在其他賽季的表現）。不過，體育賽事的表現可以以分數來測量，但要求雇主把十分鐘的面試時間當成只是一個證明「案例」，而從其他資料得到別的印象（像是改天再面試或是在另一個場景下見到那人），難度可能更高，因為在面試時要量化雇主印象是很困難的。因此，解決問題的正確度，某種程度上取決於這個問題如何被呈現。

很明顯地，若在解決問題及做判斷時要使用深思熟慮式思考，就仰賴於問題情況及問題如何被呈現出來等因素。若希望人們在解決問題時使用深思熟慮的推理，就需要刻意的教育。為了找出正解，我們可以學習使用必要技巧來看到問題的複雜性。錯誤總是會發生，但這類錯誤不是我們在判斷上有什麼深度缺陷。這些錯誤之所以會發生，往往是因為問題情況並未引發我們深思熟慮式思考的能力。然而，更重要的是，教育能改善這種狀況，讓我們在不同環境中都使用更好的判斷。教育不會消除我們的錯誤判斷，也不保證深思熟慮過的想法就會成功，但正確的教育能消除犯下這類錯誤的危險。

關於作者

艾佛瑞德‧S‧波薩曼提爾（Alfred S. Posamentier）

目前是紐約市立大學附設紐約市科技學院的傑出講師。在此之前，他在紐約長島大學的國際化與贊助計畫擔任執行長。更早之前，他有五年時間擔任紐約慈悲學院教育學院院長，同時也是數學教育終身職教授。他現在是紐約市立大學城市學院數學教育榮譽退休教授，曾擔任該校教育學院院長，任終身職教授達四十年。他著作及共同著作了超過六十本以教師、中小學生及普羅大眾為目標讀者群的數學著作。波薩曼提爾博士也常在報紙及期刊上評論教育相關主題。1964 年於紐約市立大學杭特學院取得數學學士學位後，在紐約布朗克斯的狄奧多‧羅斯福中學擔任數學老師；在那裡，他致力於改善學生的解題技巧，同時也以超越傳統教科書的教學內容豐富學生的學習。在任教該校的六年中，他發展了該校第一支數學校隊（初級及高級）。那段期間，他也參與全國及國際間數學教師及督導的合作，幫助他們達到效率最大化的目標。並於這段期間中，在

1966 年取得紐約市立大學城市學院的碩士學位。

在 1970 年加入市立大學的教師行列之後，他很快就發展出提供給中學數學教師的在職課程，包括娛樂性數學以及數學解題等特別領域課程。他擔任十年的城市教育學院院長，視野涵蓋了全面性的教育議題。在擔任院長期間，他帶領教育學院從紐約州學院評比的底層，一路爬升到 2009 年全美師範教育認可審議會 NCATE 評比的完美級別。2014 年，他為慈悲學院取得了同樣的成功，於擔任該校教育學院院長期間，讓該學院在 NCATE 及美國教育家置備委員會 CAEP 雙評比上取得完美級別。

1973 年，波薩曼提爾在紐約福坦莫大學取得數學教育博士，自此之後他在數學教育上的名聲開始傳播到歐洲。他曾在奧地利、英格蘭、德國、捷克共和國及波蘭等數個歐洲國家擔任訪問教授，並於維也納大學擔任傅爾布萊特教授（1990 年）。1989 年，他獲頒英國倫敦南岸大學榮譽院士。為了褒獎他傑出的教學成就，市立大學校友會分別在 1994 年及 2009 年封他為年度教育家。紐約市委員會主席甚至將 1994 年 5 月 1 日該日以他來命名。1994 年，他也獲頒奧地利共和國的榮譽大獎章；1999 年，在該國國會的同意下，奧地利總統授與他奧地利大學教授的封號。2003 年，他被維也納科技大學授予 *Ehrenbürger*（榮譽院士）的封號。2004 年，獲奧地利總統頒發第一級*奧地利藝術與科學十字獎章*。2005 年，進入杭特學院校友名人堂。2006 年，他獲得城市學院校友委員會所頒發、聲望卓絕的湯森

哈里思獎章。2009 年，他進入紐約州數學教育者名人堂。2010 年，他獲得夢寐以求的柏林克利斯提安·彼得·博依特獎。2017 年，他得到墨西哥市賽巴斯汀基金會的榮譽學位。

他在當地數學教育界擔任過多個重要領導職位。他是紐約州教育首長委員會藍絲帶論壇紐約州高中畢業學力測驗數學 A 級成員，以及數學標準委員會專員。該委員會旨在重新制定紐約州核心標準；他也在紐約市學校校長數學諮詢委員會服務。波薩曼提爾博士是教育領域的頂尖評論家，持續發揮他長期以來的熱情，尋找各種方式讓教師、學生及一般大眾對數學感興趣，這可在他部分最新出版的著作中看到：

1. Solving Problems in our Spatial World (World Scientific, 2019).

2. *Tools to Help Your Children Learn Math: Strategies, Curiosities, and Stories to Make Math Fun for Parents and Children* (World Scientific, 2019).

3. *Math Makers: The Lives and Works of 50 Famous Mathematicians* (Prometheus, 2019).

4. *The Mathematics Coach Handbook* (World Scientific, 2019).

5. *The Mathematics of Everyday Life* (Prometheus, 2018).

6. *The Joy of Mathematics: Marvels, Novelties, And Neglected Gems That Are Rarely Taught in Math Class* (Prometheus, 2017).

7. *Strategy Games to Enhance Problem-Solving Ability in Mathematics* (World Scientific, 2017).

8. *The Circle: A Mathematical Exploration Beyond the Line* (Prometheus, 2016).

9. *Problem-Solving Strategies in Mathematics: From Common Approaches to Exemplary Strategies* (World Scientific, 2015).

10. *Effective Techniques to Motivate Mathematics Instruction* (Routledge, 2016).

11. *Numbers: Their Tales, Types and Treasures* (Prometheus, 2015).

12. *Teaching Secondary Mathematics: Techniques and Enrichment Units,* 9th Edition (Pearson, 2015).

13. *Mathematical Curiosities: A Treasure Trove of Unexpected Entertainments* (Prometheus, 2014).

14. *Geometry: Its Elements and Structure* (Dover, 2014).

15. Magnificent Mistakes in Mathematics (Prometheus Books, 2013).

16. *100 Commonly Asked Questions in Math Class: Answers that Promote Mathematical Understanding,* Grades 6–12 (Corwin, 2013).

17. *What Successful Math Teachers Do: Grades 6-12* (Corwin, 2006, 2013).

18. *The Secrets of Triangles: A Mathematical Journey* (Prometheus Books, 2012).

19. *The Glorious Golden Ratio* (Prometheus Books, 2012).

20. *The Art of Motivating Students for Mathematics Instruction* (McGraw-Hill, 2011).

21. *The Pythagorean Theorem: Its Power and Glory* (Prometheus, 2010).

22. *Mathematical Amazements and Surprises: Fascinating Figures and Noteworthy Numbers* (Prometheus, 2009).

23. *Problem Solving in Mathematics: Grades 3–6: Powerful Strategies to Deepen Understanding* (Corwin, 2009).

24. *Problem-Solving Strategies for Efficient and Elegant Solutions, Grades 6-12* (Corwin, 2008).

25. *The Fabulous Fibonacci Numbers* (Prometheus Books, 2007).

26. *Progress in Mathematics K-9 Textbook Series* (Sadlier-Oxford, 2006–2009).

27. *What Successful Math Teacher Do: Grades K-5* (Corwin 2007).

28. *Exemplary Practices for Secondary Math Teachers* (ASCD, 2007).

29. *101+Great Ideas to Introduce Key Concepts in Mathematics* (Corwin, 2006).

30. π, *A Biography of the World's Most Mysterious Number* (Prometheus Books, 2004).

31. *Math Wonders: To Inspire Teachers and Students* (ASCD, 2003).

32. *Math Charmers: Tantalizing Tidbits for the Mind* (Prometheus Books, 2003).

蓋瑞・葛斯（Gary Kose）

　　長島大學布魯克林校區心理學正教授。過去三十一年來，一直擔任心理學碩士生導師。葛斯教授在 1976 年於賓州費城天普大學取得心理學與哲學學士。在那裡，他在附屬於賓州大學醫學院的兒童發展與學習中心工作了兩年。畢業後，他進入紐約市立大學研究所發展心理學學程就讀，於 1982 年從研究所畢業，以國家心理衛生研究院獎（NIMH fellow）的身分完成博士學位。他的畢業研究以皮亞傑理論及年幼兒童的再現能力發展為主題，特別強調媒體對於圖像表徵的影響。1981 到 1984 年間，葛斯教授加入羅格斯大學認知研究教學團隊。在那裡，他的研究興趣擴大到一般認知的相關問題，他於此完成了記憶、敘事理解及檢視脈絡和行動對於解決問題的影響等相關研究。1984 年，他加入長島大學布魯克林校區教學團隊，主要負責指導臨床心理學的博士班課程。從 1988 到 1997 年，他擔任系主任及心理學碩士班課程主任，後者他持續擔任至今。自 2002 到 2005 年起，葛斯教授擔任研究領域職涯機會計畫主任，該計畫是國家心理衛生研究院贊助的計畫，目的是幫助大學部學生追求研究領域的相關職涯。

　　自始至今，葛斯教授一直是眾多大學及職業組織的活躍成員。在大學中，他曾在研究生目標委員會、中部各州審議委員會及布魯克林校區內部評比委員會服務。葛斯教授也是尚・皮亞傑協會以及理論心理學國際協會的長期成員。2002 年，葛斯

教授在哈佛教育研究所完成一項名為連結心智、大腦及教育組織的研習計畫。他也是美國心理學會、兒童發展心理協會以及心理學典範年會的成員。

在過去三十三年中，他教授過心理學史、發展心理學、認知、研究設計與統計等課程。他的研究興趣包括認知發展、皮亞傑理論、心智理論、認知、解題、符號學及藝術心理學。葛斯教授在專業期刊、書評及選集中出版了超過四十篇文章，下面為幾個代表作品：

Corris, D. and Kose, G. (1997). The effects of action on imagery and memory. *Perceptual and Motor Skills*, 87, 979–983.

Fireman, G. and Kose, G. (1990). Piaget, Vygotsky, and the development of consciousness. In Wm.J. Baker, M.E. Hyland, R. van Herewijk and S. Terwee (eds.), *Recent Trends in Theoretical Psychology*, New York: Springer–Verlag.

Fireman, G. and Kose, G. (2002). The development of self–regulation and awareness in children's problem solving performance. *Journal of Genetic Psychology*, 163(4), 410–423.

Fireman, G., Kose, G. and Soloman, M. (2003). Self–observation and learning: The effects of watching oneself on performance. *Cognitive Development*, 18, 339–354.

Fireman, G. and Kose, G. (2003). Psychotherapy: Science, myth, or both. In N. Stephenson, H.L. Radtke, R.J. Jorna and H.J. Stam (eds.), *Theoretical Psychology: Critical Contributions*. Concord, ON: Captus Press.

Fireman, G. and Kose, G. (2012). The development of perspective taking in young children. In E.H. Sandberg and B.L. Spritz (eds.), *The Clinician's Guide to Normal Cognitive Development in Childhood*. New York: Oxford University Press.

Kentgen, L., Allen, R., Kose, G. and Fong, R. (1998). The effects of representation of future performance. *British Journal of Developmental Psychology*, 16, 505–517.

Kose, G., Beilin, H. and O'Connor, J. (1983). Children's comprehension of actions depicted in photographs. *Developmental Psychology*, 19(4), 636–643.

Kose, G. (1984). The psychological investigation of art: Theoretical and methodological implications. In W.R. Crozier and A.J. Chapman (eds.), *Cognitive Processes in the Perception of Art. Amsterdam*: North-Holland.

Kose, G. (1985). Children's thinking about photography: A study of the developing awareness of a representational medium. *British Journal of Developmental Psychology*, 3, 373–384.

Kose, G. (1987). A philosopher's conception of Piaget: Piagetian theory reconsidered [Review of the book Beyond Piaget: A Philosophical Psychology, J.P. Brief]. *Theoretical & Philosophical Psychology*, 7(1), 52–57.

Kose, G. and Heindel, P. (1990). The effects of action and organization on children's memory. *Journal of Experimental Child Psychology*, 50, 416–428.

Kose, G. (1992). Existential themes in Piaget's genetic epistemology. *Theory and Psychology*, 4(2), 19–30.

Kose, G. and Corriss, D. (1994). Imaging: A theoretical alternative. In H.J. Stam, L.P. Mos, W. Thorngate and B. Kaplan (eds.), *Recent Trends in Theoretical Psychology*. New York: Springer–Verlag.

Kose, G. (1996). Piaget, born again! *Theory and Psychology*, 2(3), 201–204.

Kose, G. (2002). The quest for self identity: Time, narrative, and the late prose of Samuel Beckett. *Journal of Constructivist Psychology*, 15, 171–183.

Kosegarten, J. and Kose, G. (2010). *Aspects of Wittgenstein's psychological concepts. In Recent Trends in Theoretical Psychology*. Concord, ON: Captus Press.

Kosegarten, J., Kose, G. and Creedon, T. (2017). Metarepresentations reconsidered. In J. Cresswell, A. Haye, A. Larrain, M. Morgan and G. Sullivan (eds.), *Dialogue and Debate in the Making of Theoretical Psychology*. Concord, ON: Captus Press.

Kosegarten, J. and Kose, G. (2019). Logic, fast and slow: The persistent difficulty of the Monty Hall problem. *Journal of Evolutionary Psychology*, 2, 50–72.

O'Connor, J., Beilin, H. and Kose, G. (1981). Children's belief in photographic fidelity. *Developmental Psychology,* 17(6), 859–865.

Silvestri, H. and Kose, G. (2003). Rationality and the practices of science: A rereading of Kant. In N. Stephenson, H.L. Radtke, R.J. Jorna and H.J. Stam (eds.), *Theoretical Psychology: Critical Contributions*. Concord, ON: Captus Press.

丹妮耶爾·索羅·維葛達默（Danielle Sauro Virgadamo）

臨床心理學家，興趣在親職訓練及兒童行為問題。她 2010 年於新澤西學院取得數學暨心理學學士，2014 年於長島大學波斯特分校取得應用心理學碩士，2016 年於長島大學波斯特分校取得臨床心理學心理學博士學位。

維葛達默博士曾工作於不同的治療環境中，包括紐約及紐澤西的私人工作室、門診部、住院部及日間治療中心。她在紐澤西兒童專科醫院山邊分院及紐約州東梅多納蘇大學醫學中心完成校外實習，並專門與兒童及其家人合作。她在布朗克斯的艾斯特兒童及家庭服務中心完成實習，於此與干擾性行為障礙、焦慮障礙及情緒障礙的兒童一起工作。維葛達默博士在紐約大頸區的私人工作室「認知行為協會」完成了兩年的博士後研究，接受辨正行為治療（DBT）的基礎訓練，並與情緒障礙及自傷行為青少年一起工作。她也持續與年幼兒童及他們的父母一起工作，特別是使用父母─兒童互動療法（PCIT）及其他父母行

為管理策略。

在長島大學訓練期間，維葛達默博士共同創辦了 Family Check-In 這個為家中有二至七歲兒童的功能不足家庭，提供三堂式評估與轉介計畫。該計畫包含一套對家長及兒童症狀的完整評估、一套家長─兒童互動及後續反應、目標設定，以及包括建議以及轉介的回饋。她在 Family Check-In 擔任協調員，負責製作臨床治療手冊、電話訪談表格、查核清單、每次療程對話逐字稿及回饋表格。此外，她在長島大學心理服務中心（PSC）負責訓練一、二年級生來執行該計畫。該計畫從開始執行以來，一直為孩子未能得到足夠照顧的家庭一起工作。維葛達默博士在國家級會議中展示了多張 Family Check-In 如何執行的海報，目前她正在寫文章介紹該計畫的可行性及接受度，該文章即將提交出版。

長島大學畢業後，維葛達默博士受邀擔任心理系大學部以及臨床心理學博士班的兼任教授。她在大學部教授心理學入門及心理學原則；她在博士班教授進階統計學。

維葛達默博士的研究興趣，主要在以學校為基礎的心理健康干預、量表編製，以及雙胞胎的心理健康。2012 年，她造訪烏干達基騰格沙，對兒童進行評估、訪問照護者並收集數據，以評判每週一次的識字團體對於兒童識字、心智理論、象徵性遊戲及就學預備度的影響。2013 年，她共同書寫了以學校為基礎的心理健康計畫其中一個章節；2016 年，她共同書寫了比較美國與澳洲學校的心理健康干預相關論文第二章。2016 年，她

發展並驗證一個測量雙胞胎人際互動的量表。這個被稱為 Sauro 雙胞胎人際互動（TwInI）量表，評定了成人雙胞胎支配／順從、競爭／合作及獨立／依賴的程度。

在臨床實務上，維葛達默博士主要與兒童、青少年及他們的家人一起工作。她專長於破壞性及對立行為兒童的親職訓練，另外也與焦慮及情緒障礙的兒童及青少年一起工作，擅長心理評估、危機管理、家庭治療及團體治療。維葛達默博士目前住在馬里蘭州巴爾的摩，於專門進行心理評估及兒童治療的甘迺迪・克魯格研究中心，擔任臨床兒童心理學家。

凱瑟琳・基芙・柯柏曼（Kathleen Keefe-Cooperman）

合格臨床心理學家及長島大學諮商及發展系助理教授。基芙・柯柏曼在羅德島學院取得心理學學士。接著繼續取得了佩斯大學諮商碩士，又於哈特福大學取得心理學臨床實務碩士，並於哈特福大學取得臨床心理學博士。她在諮商及心理學領域與學生及同僚一起工作，表現相當活躍，也一直進行在相關領域的研究。

基芙・柯柏曼博士教導的對象包括平民及軍方人員，如西點軍校戰術管理官計畫。看著畢業生追求新習得的資訊，也鼓勵著她繼續追求學術的創新領域，並與學生及更大的專業範疇分享她的發現。基芙・柯柏曼博士在她的職涯中一直參與研究。她在讀博士班時就已在一間大型非營利健康照護溝通公司，進

行改善腫瘤科病人—醫生溝通領域的相關研究。基芙‧柯柏曼博士自那時起一直在週產期失落[1]、告知壞消息、學前班適應功能等領域進行研究及出版。她曾針對一個大蕭條時代州立心理衛生醫院的歷史研究取得獎項。她的著作常被引用。在她的研究中始終有個共同主題，就是探索「當壞事發生在好人身上」，以及辨認出成功的障礙。

基芙‧柯柏曼博士工作的其中一個例子，是發展出一套讓輔導人員溝通壞消息的溝通規則範本 PEWTER。因為輔導領域缺乏結構性的溝通範本，讓這類範本的需求十分迫切。它能協助人們掌握進行困難對話的技巧，因此廣為人們所接受，被需要告知受害者家屬死亡通知的職業人士所採用，也被那些必須通知急重症病患所愛之人死亡消息的人士所使用。

基芙‧柯柏曼博士持續為發展性治療組織提供心理服務。她是學齡前兒童發展專家，曾以團隊一員的身分進行多次心理評估。基芙‧柯柏曼博士與該年齡層的團體緊密工作。她之前曾進行檢視睡眠模式及適應功能的研究，發現睡眠效果與各種認知及行為模式有關。她也檢視了學前兒童族群中隨時間改變的睡眠模式。她對這個年齡層的專門研究，讓她注意到在數位使用大爆炸之後，視覺—空間功能的差異。她的研究發現，兒

---

[1] 譯註：週產期死亡（PNM, Perinatal mortality）是指胎兒或新生兒的死亡。世界衛生組織將週產期死亡率定義為「每一千位嬰兒出生後，於第一週內的存活與死亡人數比例；周產期則定義為從妊娠 22 週後（154 天）開始至出生後 7 天」。也有將新生兒出生前後四週當作周產期的。

童使用視覺空間功能的能力，像是完成謎題及智能設施使用之間的關鍵關係。使用較多智能設施的兒童，通常在精細動作任務上遇到較大的問題。她在該領域出版的作品廣為人接受，讓她獲得了傑出的傅布萊特專家頭銜。這讓她在維也納及國內外頂尖心理學會議中分享她的作品。

她的簡報提案被選入受到高度尊重的美國心理學學會大會。她也參與了心理學教學領域，曾擔任美國心理學會心理學教育社團多元委員會主席。她曾參與提供多元領域教學策略的工作。基芙·柯柏曼博士也是一名活躍的志工，利用她的專長在社群中發揮正面影響力。她是圖書館委員會成員，也與所在地學校合作。她使用她的技術及知識，教育社群中的父母及兒童霸凌議題，也就此議題接受過紀錄片訪問。改善青年自尊，是減少遭霸凌者無望感受的關鍵。她也參與了英雄想像計畫，教育個人關於情勢認知、自我效能、價值驅動決策制定以及社交韌性。

她正在進行的作品與本書主題相關。理解到人們所面臨的挑戰會對他們的成功造成負面影響，因為必須幫助他們克服那些阻礙。然而，辨認出障礙並不足夠。基芙·柯柏曼博士與她的同僚作者提供了以信心面對嶄新問題並獲得成功時所需的技巧，協助人們不固著於特定思維方式，為了獲取成功而成長。下面是她的一些代表性著作：

Baker, L., Meiner, K. and Keefe-Cooperman, K. (2000). *Annotated* bibliography for: *Treating patients with C.A.R.E. Institute for Healthcare Communication*, Ontario, Canada (electronic version).

Brady-Amoon, M. and Keefe-Cooperman, K. (2017). Psychology, counseling psychology, and professional counseling: Shared roots; different professions? *The European Journal of Counselling Psychology*, 6(1), 41–62.

Colangelo, J. and Keefe-Cooperman, K. (2012). Understanding the impact of childhood sexual abuse on women's sexuality. *Journal of Mental Health* Counseling, 34, 14–37.

Keefe-Cooperman, K. (2005). A comparison of grief as related to miscarriage and termination for fetal abnormality. *Omega,* 50(4), 281–300.

Keefe-Cooperman, K. (2016). Digital media and preschoolers: Implications for visual spatial development. NHSA Dialog: The Research-to-Practice Jour*nal for the Early Childhood Field,* 18(4), 24–42.

Keefe-Cooperman, K. (2016). Preschooler digital usage and visual spatial performance: Implications for the classroom. NHSA Dialog: The Researchto-Practice *Journal for the Early Childhood Field*, 18(4), 111–116.

Keefe-Cooperman, K. (2018). Training teachers in digital literacy. *Scientific Journal of PH Lower Austria,* 12, 1–5.

Keefe-Cooperman, K. and Brady-Amoon, P. (2013). Breaking bad news in counseling: Applying the PEWTER model in the school setting. *Journal of Creativity in Mental Health*, 8, 265–277.

Keefe–Cooperman, K. and Brady–Amoon, P. (2013). Preschoolers' sleep: Current U.S. community data within an historical and sociocultural context. *Journal of Early Childhood and Infant Psychology*, 8, 35–55.

Keefe–Cooperman, K. and Brady–Amoon, M. (2014). Preschooler sleep patterns related to cognitive and adaptive functioning. *Early Education and Development*, 26(6), 859–874.

Keefe–Cooperman, K., Savitsky, D., Koshel, W., Bhat, V. and Cooperman, J. (2017). The PEWTER study: Breaking bad news communication skills training for counseling programs. *International Journal for the Advancement of Counselling*, https://doi.org/10.1007/s10447–017–9313–z.

Keefe–Cooperman, K. L. (2000). *Annotated Bibliography for Improving Patient–Physician Communication in Oncology*. Bayer Institute for Health Care Communication, West Haven, Connecticut (electronic version).

Nardi, T. J. and Keefe–Cooperman, K. (2006). Communicating bad news: A model for emergency mental health helpers. *International Journal of Emergency Mental Health*, 8(3), 203–207.

ALPHA 50

解題背後的心理學：行不通就換方法，建構有效的數學思維
Psychology of Problem Solving：The Backgrould to Successful Mathematics Thinking

作　　　者	艾佛瑞德 S. 波薩曼提爾 Alfred S. Posamentier
	蓋瑞‧柯斯 Gary Kose
	丹妮耶爾‧索羅‧維葛達默 Danielle Sauro Virgadamo
	凱瑟琳‧基芙—柯柏曼 Kathleen Keefe-Cooperman
譯　　　者	謝雯仔

總　編　輯	富　察
副 總 編 輯	成怡夏
責 任 編 輯	成怡夏
行 銷 企 劃	蔡慧華
封 面 設 計	莊謹銘
內 頁 排 版	宸遠彩藝

社　　　長	郭重興
發 行 人 暨 出 版 總 監	曾大福
出　　　版	八旗文化／遠足文化事業股份有限公司
發　　　行	遠足文化事業股份有限公司
	231 新北市新店區民權路 108 之 2 號 9 樓
電　　　話	02-22181417
傳　　　真	02-86611891
客 服 專 線	0800-221029

法 律 顧 問	華洋法律事務所 蘇文生律師
印　　　刷	成陽印刷股份有限公司

初　　　版	2021 年 3 月
定　　　價	380 元

國家圖書館出版品預行編目 (CIP) 資料

解題背後的心理學：行不通就換方法，建構有效的數學思維 / 艾佛瑞德 S. 波薩曼提爾
(Alfred S Posamentier), 蓋瑞 . 柯斯 (Gary Kose), 丹妮耶爾 . 索羅 . 維葛達默 (Danielle Sauro
Virgadamo), 凱瑟琳 . 基芙－柯柏曼 (Kathleen Keefe-Cooperman) 作；謝雯仔譯 . -- 初版 .
-- 新北市：八旗文化，遠足文化事業股份有限公司，2021.03
面；　公分
譯自：The psychology of problem solving : the background to successful mathematics thinking
ISBN 978-986-5524-43-2(平裝)

1. 數學　2. 思維方法

310　　　　　　　　　　　　　　　　　　　　　　　　　　　　　　110001149